ノイズ対策を
波動・振動の
基礎から理解する！

鈴木茂夫 ― 著

日刊工業新聞社

講座労働法の再生 [全6巻]

日本労働法学会=編 ＊各本体3500円＋税

雇用社会の大きな変化に対してどう対応していくのか。
日本労働法学会が総力をあげて労働法学の意義と課題を明らかにする。

第1巻 労働法の基礎理論
山川隆一・荒木尚志・村中孝史=編集委員

第2巻 労働契約の理論
野田 進・矢野昌浩・奥田香子=編集委員

第3巻 労働条件論の課題
唐津 博・有田謙司・緒方桂子=編集委員

第4巻 人格・平等・家族責任
和田 肇・名古道功・根本 到=編集委員

第5巻 労使関係法の理論課題
野川 忍・中窪裕也・水島郁子=編集委員

第6巻 労働法のフロンティア
島田陽一・土田道夫・水町勇一郎=編集委員

日本評論社　　https://www.nippyo.co.jp/

第4巻編集委員
和田　肇（わだ・はじめ）名古屋大学大学院法学研究科教授
名古道功（なこ・みちたか）金沢大学人間社会学域法学類教授
根本　到（ねもと・いたる）大阪市立大学大学院法学研究科教授

講座労働法の再生　第4巻
人格・平等・家族責任

2017年7月30日　第1版第1刷発行

編　者——日本労働法学会
発行者——串崎　浩
発行所——株式会社日本評論社
　　　　〒170-8474　東京都豊島区南大塚3-12-4
　　　　電話　03-3987-8621（販売）
　　　　FAX　03-3987-8590
　　　　振替　00100-3-16
印　刷——精文堂印刷株式会社
製　本——牧製本印刷株式会社

Printed in Japan　© Japan Labor Law Association 2017
装幀／レフ・デザイン工房
ISBN 978-4-535-06514-7

JCOPY〈(社)出版者著作権管理機構　委託出版物〉
本書の無断複写は著作権法上での例外を除き禁じられています。複写される場合は、そのつど事前に、(社)出版者著作権管理機構（電話 03-3513-6969、FAX 03-3513-6979、e-mail: info@jcopy.or.jp）の許諾を得てください。また、本書を代行業者等の第三者に依頼してスキャニング等の行為によりデジタル化することは、個人の家庭内の利用であっても、一切認められておりません。

はじめに

　電磁波は電界波と磁界波の2つの波でお互い連動して変化する性質の異なる波です。通常の回路的では波として扱わないが、EMCの問題（波の放射とノイズ波の受信による悪影響）は波として考えなければなりません。波の基本的な考え方は、地震や海の波のように、波源があり、波が伝搬する経路があり、波を受信するところがあります。本書のアプローチは波の基本的な考え方を導入して、ノイズ対策に役立てることを意図としました。

　第1章はEMCの世界は波を扱うので、波を知ることから始まる。意図した電子回路（機能）から空間へ漏れた波がエネルギーを持ち、自身の他の機能に悪影響を与える（エミッションと伝導）。このため波動の考え方が重要となります。

　第2章では波の基本と波のエネルギーを最小にすることや外部への漏れを最小にすることにあります。

　第3章では、波源のエネルギーを小さくする方法、伝搬経路に波を閉じ込める方法、受信する波のエネルギーを最小にするなどEMC性能は最大にする方法、第4章では波の伝搬によって発生する定在波と共振現象（エネルギー最大）の等価性を述べ、エネルギーを最小にするためのインピーダンスマッチングの方法、第5章は電磁気学の基本法則であるガウスの法則（電荷変動から電界）、アンペール・マクスウエルの法則（伝導電流と変位電流から磁界の発生）、ファラデーの電磁誘導の法則（磁界から電界の誘導）を用いてノイズ源のエネルギーを小さくする方法、電磁波を閉じ込める方法、電磁波の影響を最小限にする方法などを導く。

　第6章はアンテナの基礎知識に関する内容で、アンテナから波が放射（受信）されるしくみを述べている。アンテナから放射される電力はアンテナの形状・構造と流れる電流によって決まるのでノイズ対策ではアンテナに流れる電流を最小にする。アンテナの原理を知り、放射効率・受信効率を最小にする方法を理解することにあります。

　第7章はEMC性能を上げるためのシールドについて電界波と磁界波に分け、

はじめに

それぞれの波に対してシールドのメカニズムを明らかにしてシールド性能を最大にする方法を導く。

第8章は波の反射（SWR）の測定を含めた高周波の基礎に関する内容で、インピーダンス特性、伝送路とのインピーダンスマッチング、スミスチャートやアドミッタンスチャートの見方、考え方、定在波（反射係数）の大きさを測定する方法など、第9章はシンプルな式からEMC性能を上げるために何をすればよいか求めることにあります。また波形とスペクトルの関係についてフーリエ級数（フーリエ変換）の手法によってスペクトルの大きさを低減する方法を導く。

第10章は補足資料。

読者の皆様方の業務に本書が少しでもお役に立てれば幸いであると願っております。最後に本書をまとめるにあたり、企画の趣旨、原稿の校正、有益なご指導をいただきました日刊工業出版プロダクション　北川　元氏並びに日刊工業新聞　出版局書籍編集部　部長　鈴木　徹氏に心より感謝いたします。

2017年7月　鈴木　茂夫

目　次

第1章　EMCは波の世界である。波を知るところから始まる
1.1　波は振動が伝わるものでエネルギーを持つ……………………………1
1.2　波の形とエネルギー……………………………………………………3
1.3　回路の考え方から波（波動）の考え方へ……………………………5
1.4　電子機器は高周波的にみるとキャパシタンスCとインダクタンスLからなる……………………………………………………………………8
1.5　入力電力は電磁波に変換される………………………………………11
1.6　受信する波のエネルギーを最小にするイミュニティ対策…………12
1.7　EMCで扱う波の周波数と波長の範囲…………………………………14
1.8　波源（回路のスイッチ）による波の発生とその拡がり……………16
1.9　波の基本要素（波源、波の伝搬、波の受信）………………………17
1.10　技術の進歩とEMCとの関わり…………………………………………19

第2章　波の基本（波のエネルギー）とノイズ対策
2.1　振動する波はどのように進むのか……………………………………21
2.2　波の表し方………………………………………………………………25
2.3　波数k（位相定数）とは何か、波数を用いた波の表現………………26
2.4　時間と距離が変化する波の表現………………………………………27
2.5　減衰する波の表現………………………………………………………29
2.6　波の重ね合わせ…………………………………………………………31
2.7　波のエネルギーからノイズ対策を考える……………………………35
2.8　波を支配する波動方程式とその意味…………………………………41
2.9　振動する波の特徴とその抑制方法……………………………………44
2.10　進行波と定在波の違い…………………………………………………48

目　次

第3章　波源、波の伝搬、波の受信の考え方
3.1　波源のエネルギーは何によって決まるか……………………………53
3.2　R、L、C の波形に対する作用とそのエネルギー…………………54
3.3　回路構造によって入力されるエネルギーの大きさは違う……………57
3.4　回路ループが波源の大きさを決める……………………………………58
3.5　コモンモードノイズ源が波源……………………………………………59
3.6　波源のエネルギーを最小にする方法……………………………………61
3.7　波を伝える伝搬経路の構造………………………………………………64
3.8　伝搬経路から波のエネルギーの漏れを最小にする……………………67
3.9　ノイズ波の受信エネルギーを最小にするためには……………………69
3.10　エネルギー保存則からノイズを最小化する……………………………71

第4章　定在波（ノイズエネルギーの最大）の発生とインピーダンスマッチング
4.1　波の反射と反射係数………………………………………………………75
4.2　定在波（定常波）の発生…………………………………………………78
4.3　ノーマルモード電流が流れる回路に生じる定在波……………………80
4.4　負荷の状態によって変化する電圧と電流の定在波（高調波）………82
4.5　定在波の発生は共振現象と同じ…………………………………………86
4.6　集中定数回路と分布定数回路の共振周波数の求め方…………………87
4.7　2次元を伝搬する波によって生じる定在波……………………………91
4.8　電源・GNDプレーンに生じる定在波のレベルを最小にする…………92
4.9　定在波（反射）をなくすインピーダンスマッチング…………………94
4.10　進行波によって生じるコモンモードノイズ源の波形…………………96

第5章　電磁気学の原理を用いて波のエネルギーを最小にする
5.1　電源投入による電荷の生成………………………………………………99
5.2　電荷はエネルギーを持つ…………………………………………………100
5.3　電荷とガウスの法則、電荷から生じる電界 E を最小にする…………101

5.4	マクスウエル・アンペールの電流法則により磁界 H を最小にする ····· 107
5.5	波源（コモンモードノイズ源）とファラデーの自己電磁誘導の法則 ··· 112
5.6	ファラデーの相互誘導の法則からイミュニティを強化する ············· 118
5.7	磁力線は発散しない $\mathrm{div}\, B = 0$ から EMC を考える ···················· 119
5.8	電磁波の速度と波動インピーダンス ·· 121

第6章　アンテナから波が放射（受信）されるしくみ

6.1	電界波と磁界波を作り出す力 ·· 123
6.2	電磁波を効率よく放射するアンテナはどこに存在するのか ············· 127
6.3	定在波による放射 ··· 128
6.4	定在波による共振特性、共振のダンピング ································· 132
6.5	1波長ループアンテナからの放射とその最小化 ····························· 132
6.6	スロットアンテナからの放射とその最小化 ································· 134
6.7	パッチアンテナからの放射とその最小化 ···································· 136
6.8	受信する波のエネルギーを最小にする ······································· 137
6.9	電磁波のインピーダンスは何を意味するのか ······························ 138
6.10	アンテナの放射効率を表す放射抵抗 ··· 140

第7章　波をシールドするメカニズム、シールド性能を最大にするには

7.1	電界波に対するシールドのメカニズム ······································· 143
7.2	磁界波に対するシールドのメカニズム ······································· 145
7.3	電界波は入射端で反射する ·· 147
7.4	磁界波は入射端を通過する ·· 148
7.5	電界波と磁界波に対する波動的な考え方 ···································· 150
7.6	電界波と磁界波の反射係数の関係 ··· 151
7.7	電磁波源からの距離によるシールド効果 ···································· 152
7.8	シールド材のインピーダンスと伝搬定数 ···································· 155
7.9	シールド材反射による定在波 ··· 158
7.10	電界波と磁界波に対するシールド材料の特性 ····························· 160

目　次

第8章　高周波の基礎とEMC

8.1　EMCは分布定数回路の世界である …………………………………… 161

8.2　高周波特性を知るために必要なイミッタンスチャートの作り方・見方
　　………………………………………………………………………………… 164

8.3　並列素子を扱うときに便利なアドミッタンスチャートを作成する …… 169

8.4　波（高周波）の状態を知るSパラメータ ……………………………… 174

8.5　パルス波形を正確に測定しなければならない理由 …………………… 180

8.6　高周波では部品の特性が変化する ……………………………………… 185

8.7　EMC性能に関わる伝送路を測定する ………………………………… 190

8.8　周波数スペクトルを測定する（周波数ドメイン） …………………… 193

第9章　EMCに関する美しい方程式、波形とフーリエ級数

9.1　$V = I \cdot Z$（作用力） …………………………………………………… 197

9.2　$V_n = (L_s - M) \cdot \dfrac{dI}{dt}$（反作用力） ……………………………… 199

9.3　$P_{in} = P_h + P_z + P_n$（エネルギー保存の法則） …………………… 201

9.4　$\rho = \dfrac{Z_\ell - Z_L}{Z_\ell + Z_L}$（共振現象によるエネルギーの最大化） ………… 202

9.5　$\dfrac{\rho}{\varepsilon} = \operatorname{div} E$（電荷から電界の発生） ……………………………… 203

9.6　$J = \sigma E$、$J = \varepsilon \cdot \dfrac{dE}{dt}$、$J = \operatorname{rot} H$（電界から電流、電流が磁界の回転を生み出す）
　　………………………………………………………………………………… 203

9.7　$\mu \dfrac{\partial H}{\partial t} = -\operatorname{rot} E$（磁界が電界の回転を生み出す） ……………… 203

9.8　$\dfrac{\partial^2 \mu}{\partial x^2} = \dfrac{1}{v^2} \cdot \dfrac{\partial^2 \mu}{\partial t^2}$（波動方程式） ……………………………… 204

9.9　$e^{j\theta} = \cos \theta + j \sin \theta$（オイラーの公式） ……………………… 204

9.10　美しい波形とフーリエ級数（周波数スペクトル） …………………… 205

第10章 補　足

- 10.1 自己インダクタンスとループインダクタンス ……………………… 215
- 10.2 波動方程式 …………………………………………………………… 218
- 10.3 共振回路のエネルギー ……………………………………………… 222
- 10.4 強制振動によるエネルギー ………………………………………… 223
- 10.5 1次微分 $\dfrac{d}{dx}$ と2次微分 $\dfrac{d^2}{dx^2}$ の意味 ……………………………… 225
- 10.6 EMCとフーリエ級数 ………………………………………………… 228
- 10.7 EMCとフーリエ変換 ………………………………………………… 238
- 10.8 アンテナの基本であるダイポールアンテナとループアンテナ ……… 246
- 10.9 シンプルな式からノイズ対策方法を考える ………………………… 250

参考文献 ……………………………………………………………………… 257
索　引 ………………………………………………………………………… 259

第1章

EMCは波の世界である。波を知ることから始まる

　一般に波は地震でもそうであるが、波を引き起こす要因（地震では断層のずれがトリガー、信号回路ではデジタルクロックパルスの変化がトリガー）があり、その衝撃力の大きさによって波源の大きさ（エネルギー）が決まります。この波源から発生した波は波動となって伝搬します。伝搬する経路には必ず媒質（地震は海や地質、電磁波は空気を含めた媒質）があります。この媒質によって伝わりやすさ（減衰状況、増大する状況）が異なります。また、伝搬した波を受けることによってさまざまな悪影響が生じます。EMCの問題（波の放射、波の受信）は意図した電子回路（機能）からの信号成分が空間へ漏れ、自身の他の機能に悪影響（ノイズによる障害）を与えます（エミッションと伝導）。また、外部の別の機能の電子機器が空間へ漏れた信号成分や配線接続することによって伝導する漏れた信号成分によって悪影響を受ける（イミュニティ）ことであります。これら漏れた信号成分はエネルギーを持つことです。そのためには漏れる信号は波とならなければなりません。つまりノイズの問題は波として考えることができ、その基本的な考え方は、波源の大きさ（エネルギー）を最小にすること、伝搬経路を含めて外部への波の漏れを最小にすること、波の受信では波の影響を受けないようにすることです。このため波（波動）の考え方が重要となります。

1.1
波は振動が伝わるものでエネルギーを持つ

　波の振動を引き起こす振動源（波源）があると、この振動によって波が波動となって伝搬します。信号回路には電界の波と磁界の波を発生させる波源（信

第1章　EMCは波の世界である。波を知ることから始まる

号源）があり、この波源から発生した波や波動となって伝搬する波が外部空間に漏れてノイズの問題（エミッション）を引き起こします。この信号の漏れを低減するためには、波源のエネルギーを最小にすること、波動のエネルギーが外部に漏れないような構造にして目的のところまで伝搬しなければなりません。**図1-1(a)**には水面の波が振動している様子を示しています。水面が上限に振動するとその変位が次々と隣に伝搬していき遠方まで伝わることになります。それと同時に波の振幅に合わせて水面上の空気は波から力を受け、波の近くでは空気の流れが変わることになります。波の振幅が大きいほど空気への影響は大きくなります。いま、**図1-1(b)**のように金属導体があり、ここを伝搬する電気信号の波（波長 λ）の変化が電気的な力を及ぼす電界波 E と磁気的な力を及ぼす磁界波 H となります。電気信号による場の変動が電界波と磁界波と

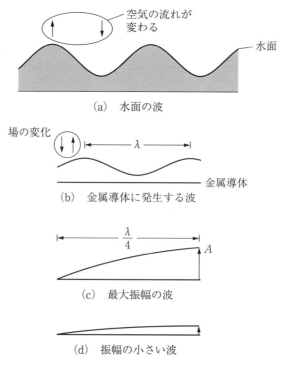

(a) 水面の波

(b) 金属導体に発生する波

(c) 最大振幅の波

(d) 振幅の小さい波

図1-1　波が伝搬する長さと波長（波の大きさ）

なるが、その変動は空気中だけでなく真空中でも起こるのが一般の波と異なるところです。**図 1-1(c)** のように金属導体の長さと波の波長が $\frac{\lambda}{4}$ と一致したときに、金属導体に生じる波の振幅 A が最大となり、波のエネルギーは最大となります。これが**図 1-1(d)** のように $\frac{\lambda}{4}$ の長さで波の振幅が非常に小さい、または金属導体の長さに比べて波の波長 λ が非常に長い場合は、波の振動は小さくなります。このように波の振幅の大きさは仕事をすることができるエネルギーとなります。

1.2
波の形とエネルギー

(1) 正弦波のエネルギー

図 1-2(a) は理想的な正弦波の波を表し、振幅 A で上下に周期 T で振動しています $\left(周波数 f は \frac{1}{T}\right)$。波のエネルギー U は第 2 章で詳しく述べますが、振幅 A の 2 乗と周波数 f の 2 乗の積に比例し、次のように表すことができます。

$$U \propto A^2 \cdot f^2$$

また、波の進む速度を v、波長を λ とすれば、$v = f \cdot \lambda$ の関係があるので波のエネルギーは次のようにも表すことができます。

$$U \propto A^2 \cdot \left(\frac{v}{\lambda}\right)^2$$

これより波のエネルギーは振幅 A が大きい、周波数 f が高い、波長 λ が短い、速度 v が大きいほど 2 乗に比例して大きくなることがわかります。

(2) クロックの立上りのエネルギー

正弦波でなくデジタル回路で多く使用されている**図 1-2(b)** のようなクロックでは、波形が振幅 A まで立ち上がるのに、傾き $\frac{dV_r}{dt}$ を持っています。また振幅 A から 0 レベルまで立ち下がるのにも一定の傾き $-\frac{dV_f}{dt}$ $\left(\frac{dV_r}{dt} とは等しくならない\right)$ を持っており、この傾きの大きさが使用するクロックの周波数や IC によって異なります。当然ながら周波数が高くなると周期 T は短くなるので、立上り時間 $\frac{dV_r}{dt}$ が大きくなります。この変化している時間以外はクロックは 0 レベルか A のレベルかどちらかの直流レベルです。この変化している部分に

第1章　EMCは波の世界である。波を知ることから始まる

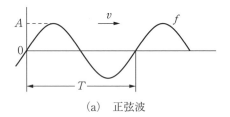

(a)　正弦波

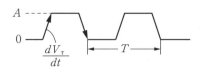

(b)　クロック波形

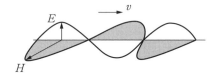

(c)　電磁波のエネルギー密度

図1-2　波の形とそのエネルギー

ついて考えると、電圧を力に例え（力学との対応では電圧は力に相当する）、短時間で物を動かそうと力を加えると、ゆっくりと力を加えた場合に比べて明らかに物は早く動く、このことはエネルギー（仕事）が大きいと言え、これに対する反作用も大きくなることになります。こう考えるとこのクロックの立上りと立下りの変化は力の加え方でありエネルギーであると考えられます。力学の対応でなく、電気について考えると電圧 V を加えると金属内部の電荷 q[C] に対するエネルギー U は次のようになります。

$$U = q \cdot V \, [\text{J}]$$

エネルギー U[J] の単位時間当たりの変化が電力 P[W] なので、

$$P = \frac{dU}{dt} = q \cdot \frac{dV_\tau}{dt} \, [\text{W}]$$

これより、クロックの立上りの電圧変化の傾きは、入力電力の大きさを表して

いることになります。入力電力（エネルギー）を少なくするためには $\dfrac{dV_\tau}{dt}$ $\left(\dfrac{dV_f}{dt}\right)$ を小さくしなければなりません。クロックはたくさんの高調波成分を持つので、高調波になるほど周期 T は短くなり、そのレベル変化 $\dfrac{dV}{dt}$ は大きくなることになります。

(3) 電磁波のエネルギー

電磁波の形を図 1-2(c) のように正弦波で表すと、電界波 E と磁界波 H はお互いに直交して、同位相で変化しています。一定の速度 v で進んでいるために場所と時間で大きさや方向が常に変化しています。いま、電界波の大きさを E[V/m]、磁界波の大きさを H[A/m] とし、電磁波が存在する媒質の誘電率を ε、透磁率を μ とすれば、電界波のエネルギー密度 U_E[J/m^3] と磁界波のエネルギー密度 U_H[J/m^3] はそれぞれ次のように表すことができます。

$$U_E = \frac{1}{2}\varepsilon \cdot E^2$$

$$U_H = \frac{1}{2}\mu \cdot H^2$$

電磁波の場合、波のエネルギーは振幅の 2 乗に比例するほか、波が存在する媒質によっても変わることになります。電界波は誘電率 ε が大きい媒質ほど、磁界波は透磁率 μ が大きいほどエネルギー密度は高くなります。外部への電磁波の漏れを最小にするためには、媒質の誘電率と透磁率が大きく、小さな領域に電磁波のエネルギーを閉じ込めてエネルギー密度を高くします。このことが広い空間に分布する電磁波のエネルギー密度を低くすることになります。これらについての詳細な考え方が第 1 章以降になります。

1.3
回路の考え方から波（波動）の考え方へ

信号回路のモデルを図 1-3 に示します。回路の考え方によれば、回路に電流を流す信号源 V があり、信号を伝える伝送回路があり、信号を受信する負荷 Z_L がある、この回路について伝送回路のインピーダンスを Z_p とすれば回路に流れる電流 I は次のようになります。

第 1 章　EMC は波の世界である。波を知ることから始まる

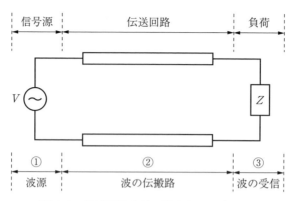

図 1-3　信号回路を波の流れとして考える

$$I = \frac{V}{Z_p + Z_L}$$

これが、回路的な見方となります。

(1) 波の見方

次に図 1-3 の回路の下側に①波源、②波の伝搬路、③波の受信と波の見方を示しています。信号源 V は波を起こす源（波源）となり、この波が伝送回路の構造を伝わり、負荷 Z_L で波を受信します。このように波で考えるとノイズ（放射）の問題はこの信号回路から波が外部空間や別の回路に漏れていくことである（漏れるような力が働いている）と考えることができます。外部からのノイズの影響を受ける（イミュニティ）問題は、波が回路の内部に入り込むか、入り込んだ波が負荷に影響を与えるかという問題に集約されます。図 1-3 の回路をさらに拡張すると**図 1-4** のようになり、回路①が波源、回路②が波が伝搬する伝搬経路、回路③が波を受信する受信部と考えることができます。斜線で示した部分は筐体やフレームと呼ばれ、回路の GND は信号電流がリターンするところに対して、コモンモードノイズ源 V_{nc} からのコモンモードノイズ電流 i_{nc}（信号回路の電流が漏れたもの）がリターンするところで信号の GND に対してシステム GND（フレーム GND）と呼びます。これは回路的な考え方なので、波の見方では、波源 V_{nc} によって発生したノイズの波（電界波 E と磁界波 H）が信号回路の GND を含めた構造と筐体やフレームのシステム GND の

1.3　回路の考え方から波（波動）の考え方へ

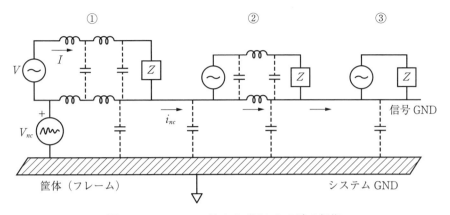

図 1-4　コモンモードノイズ源からの波の伝搬

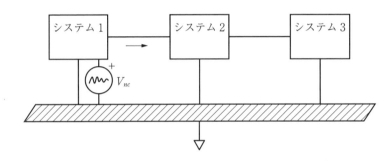

図 1-5　システム間を伝搬するコモンモードノイズ

構造の間を伝搬します。ノイズの問題は同じようにこの構造から波が外部に漏れることです。イミュニティでは波が内部に侵入しないような構造にするということになります。さらに複数のシステムが結合されたものが**図 1-5** です。この場合はシステム 1 に波源 V_{nc} があるケースを示していますが、通常であれば、システム 1、システム 2、システム 3 とも異なるレベルの波源が生じることになります。こうして波源から波が伝搬して、負荷となる部分に影響を与えることになります。

(2) 負荷とは何か

　負荷とは仕事をするのに必要なエネルギーを受信するところであり、基本構成は抵抗成分 R、インダクタンス成分 L、キャパシタンス成分 C を持つと考

えられます。抵抗が負荷の場合は波のエネルギーは熱エネルギーとなって消費されます（熱負荷の場合は必要な熱を発生させて仕事をします）。負荷がインダクタンス L の場合は、流れる電流の時間的な変化 $\frac{dI}{dt}$ とインダクタンス L の積だけの電圧 $L \cdot \frac{dI}{dt}$ が生じ、この力によって仕事をすることになります。負荷がキャパシタンス C の場合はキャパシタンスに発生する電圧は $V = \frac{Q}{C}$ だけ高くなり、この力によって仕事をすることになります。例えば、ICの入力容量は負荷となり、駆動回路から電流をもらい充電され必要な電圧レベルまで上昇して、ICの出力を変えて動作（仕事）をします。これらは回路的な考えですが、波動的に考えると抵抗は波動のエネルギーを熱エネルギーに変換します。インダクタンスの負荷は波動のエネルギーのうち磁界波のエネルギーを蓄積します。キャパシタンスの負荷は波動のエネルギーのうち電界波のエネルギーを蓄積します。このように波の考え方をすると回路というものは負荷が仕事をするために必要なエネルギーを波源からロス最小（負荷までの途中経路で漏れるとロスは大きくなります）で送ることができるかということになります。

1.4 電子機器は高周波的にみるとキャパシタンス C とインダクタンス L からなる

(1) キャパシタ C

多くの電子機器では金属や配線同士が近接しているので様々な構造のキャパシタンスを形成しています。いま、簡単に図1-6(a)のような面積 S（幅 w、長さ ℓ）の導体が距離 h で対抗してその間に誘電率 ε の物質があるとすれば、キャパシタンス C は $C = \varepsilon \cdot \frac{S}{h} = \varepsilon \cdot \frac{w \cdot \ell}{h}$ となります。つまりキャパシタンス C は物質と導体の形状や構造によって決まることがわかります。キャパシタンス C の指標は電荷の蓄積しやすさ（$Q = C \cdot V$、C が大きいほど蓄積できる電荷量は多くなります）が一般的ですが、EMCの観点から見ると電気力線（電界波）をどれだけ集めることができるかの指標（キャパシタ以外の空間の電気力線をいかに電極間に閉じ込めることができるか、電界波をどれだけ閉じ込めることができるか）と考えることができます。また、図1-6(b)のように1対の導体

1.4 電子機器は高周波的にみるとキャパシタンス C とインダクタンス L からなる

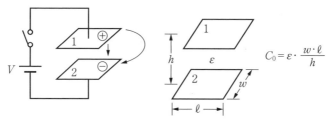

(a) キャパシタに電圧を印加

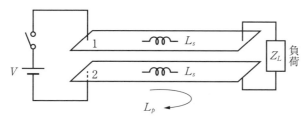

(b) キャパシタを長く変形して負荷をつける

図1-6 電子回路の基本構造

を長さ ℓ 方向を伸ばすと信号回路となり、平行・平板とすれば多層基板の電源・GNDパターンとなります。このパターンは自己インダクタンス L_s を持ち、向かい合う導体間（1と2）に流れる電流のループにはループインダクタンス L_p があり $L_p = \mu \cdot \dfrac{h \cdot \ell}{w}$ となります（L_s と L_p については第10章10.1参照）。キャパシタンスは $C = \varepsilon \cdot \dfrac{w \cdot \ell}{h}$ なので、単位長さ当たりの L_p と C の積は $L_p \cdot C = \varepsilon \cdot \mu$ となり一定となることがわかります。

このことより電磁波を伝搬経路の構造に閉じ込めて外部に漏れないようにキャパシタンス C を大きくすることは、ループインダクタンス L_p が同時に小さくなることを意味しています。次に、**図1-7(a)** のように一方の導体のみ細くして長くすると両面基板や多層基板で使用されている信号線とGNDパターンとなります。また**図1-7(b)** のようにプリント基板（PCB）と金属部分である筐体（フレーム、シャーシなど）との間にもキャパシタとインダクタが生じることになります。インダクタンスは長さに比例するので、周囲長が長くなるほど大きな値となります。

第1章　EMCは波の世界である。波を知ることから始まる

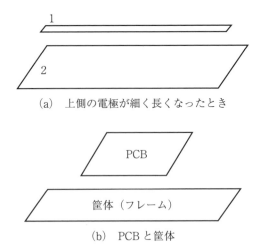

(a)　上側の電極が細く長くなったとき

(b)　PCBと筐体

図1-7　電子機器の構造はキャパシタ C とインダクタ L から成る

(2) インダクタンス

　インダクタンスもキャパシタンスと同様に $\phi = L \cdot I$ （定義）より電流 I を流したときに磁力線 ϕ[Wb] の発生しやすさとされていますが、外部空間に発生する磁力線 ϕ を最小にするためには電流によって発生する磁力線（磁界波）を最大に閉じ込めることができる構造にすることです。そのためにはキャパシタンス C を大きく、ループインダクタンス L_p（$L_p = L_s - M$、M は相互インダクタンス）を小さくすることが必要となります。ノイズ対策は、波源のエネルギーを最小にする、波動が伝搬する経路を最も短くする、波が伝搬する経路で電界波 E と磁界波 H を最大に閉じ込める構造にすることや波が伝搬しにくくなるようにします（インピーダンスを高める部品の使用）。ノイズの影響を最も受けやすい部分を強化します。この強化とは、エネルギー密度を高めて電界と磁界の波を避けてしまう、電界と磁界の波を影響を受けやすい部分からそらしてしまう（フィルタを用いることやシールドなど）、免震構造と同じく信号とGND、電源とGND間をノイズの波に対して同じ揺れにすることなどが考えられます。

1.5
入力電力は電磁波に変換される

図1-8(a)は信号源 V、平行・平板の伝搬経路1、2、負荷 Z の構造を示したものです。いま、信号源 V から配線1には電流 I が流れ、配線2をリターンします。電流が流れるとアンペールの法則によって磁界 H が発生します。配線1の経路にアンペールの法則（磁界を流れている経路で足し合わせると流れている電流に等しい）によって求めると次のようになります。また配線2にも同じ電流が流れているので磁界は同じ大きさとなります。

$2H \cdot w = I + I$

これより、配線1と配線2で挟まれた空間の磁界 H は次のようになります。

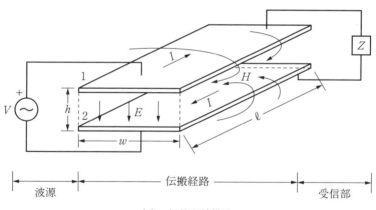

(a) 信号配線構造

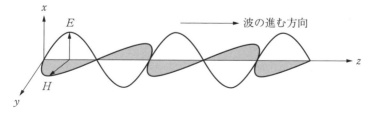

(b) 信号源が正弦波状に変化したときの電界と磁界の波

図1-8 配線の構造を伝わる電界波 E と磁界波 H

第1章　EMCは波の世界である。波を知ることから始まる

$$H = \frac{I}{w} \quad \cdots\cdots\cdots\cdots\cdots\cdots\cdots\cdots\cdots\cdots\cdots\cdots\cdots\cdots\cdots\cdots (1.1)$$

配線1と配線2の外側の空間では磁界 H の方向が逆となるので合成するとゼロになります。次に電界 E は電圧の勾配なので $E = \dfrac{V}{h}$ となります。ここで回路に入力された入力電力 $P[\mathrm{W}]$ は電圧 $V[\mathrm{V}]$ ×電流 $I[\mathrm{A}]$ となるので、$H = \dfrac{I}{w}$ と $E = \dfrac{V}{h}$ より、

$$P = V \cdot I = E \cdot H \cdot (w \cdot h) \quad \cdots\cdots\cdots\cdots\cdots\cdots\cdots\cdots\cdots\cdots (1.2)$$

$w \cdot h$ は電界 E と磁界 H が存在する面積で、式(1.2)から入力電力は電界 E と磁界 H の積（[W/m²]）となって配線1と配線2の内部空間（$w \cdot h$）に蓄えられることになることがわかります。伝搬経路の構造の中に電磁波が閉じ込められ、図1-8(b)のような電界波 E と磁界波 H となって進みます。ノイズ対策ではこの伝搬経路から電磁波の漏れを最小、そのためには伝搬経路内の波のエネルギー密度を最大にすることです。

1.6 受信する波のエネルギーを最小にするイミュニティ対策

電磁波は、電気的に力を及ぼすことができる電界波 E（V/m）と磁気的に力を及ぼすことができる磁界波 H（A/m）が同時に存在して空気中を進む速度 v は $3.0 \times 10^8 [\mathrm{m/s}]$ となります。回路動作（配線上）から考えると、回路に電圧 V を加えることによって電流 I が流れ、電子回路の周りの空間には電界波 E と磁界波 H が発生し、電磁波となって遠方に伝わっていきます。回路の電圧 $V[\mathrm{V}]$ に対して空間の状態では電界波 $E[\mathrm{V/m}]$ が対応し、電流 $I[\mathrm{A}]$ に対し、磁界波 $H[\mathrm{A/m}]$ が対応していることがわかります。このことは電圧の波が電荷の波を引き起こし、それが電気力線の変動（電界波）となり、電流の波が磁力線の変動（磁界波）を引き起こすということになります。また電力については $V \cdot I[\mathrm{W}]$ に対して電界波 E と磁界波 H の積である電力密度 $|E| \cdot |H|$ [W/m²] が対応することがわかります（図1-9(a)）。回路から放射される放射ノイズを少なくするためには、これら電界波と磁界波の大きさを小さくすることなので、電圧 V を小さく、電流 I を少なくすればよい（特に高周波の

1.6 受信する波のエネルギーを最小にするイミュニティ対策

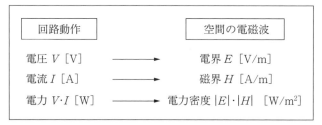

(a) 回路と空間の波の関係

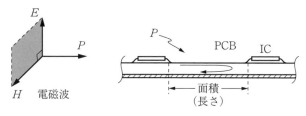

(b) 単位面積当たりの電力

図1-9　電磁波の電力

レベルを小さくすることが大事）ことが容易にわかります。電圧 V を小さくすれば電流 I も少なくなるので、電界波 E が小さくなれば同時に磁界波 H も小さくなることがわかります。逆に電流 I を低減すれば、電荷の波の移動が妨げられるので、電界波 E も低減することがわかります。このことより電界波を低減する対策を実施すれば、磁界波も同時に低減することになります（対策内容は同じ）。またノイズ受信のメカニズムは、**図1-9(b)** のように電磁波の大きさは電界波 E と磁界波 H の大きさの積（図では波源から離れた遠方界のため E と H が直交している平面波）、つまり長方形の面積が電力密度 $|E|\cdot|H|$ [W/m^2] となるので、電磁波の受信電力を最小にするためにはノイズの影響を受けやすい回路の面積 S[m^2] を最小にすればよいことになります（図1-9(b)の回路ループの面積）。磁界波 H を考えると回路の周囲長を最小にすることが必要となります（後述）。

1.7
EMCで扱う波の周波数と波長の範囲

図1-10は波の特徴と電磁波の分類を示しています。波長λのきれいな正弦波が空気中を速度vで進んでいるとすれば、波長λと速度vから波の周波数は$f=\dfrac{v}{\lambda}$となります。EMC分野で使用されている領域で電磁波の分類を表すと表1のようになり、LF（Low Frequncy）、MF（Middle Frequency）、HF（High Frequency）、VHF（Very High Frequncy）、UHF（Ultra High Frequency）に分類でき、波の特徴である周波数fの範囲はLF帯では30 kHzから、UHF帯では最高3 GHzまでとなり、HF帯からは高周波領域と考えることができます。波長の範囲は最も低い周波数LF帯では最大波長が10 km、最も高い周波数のUHF帯では最小波長が10 cmとなっています。このことよりEMCの分野における放射される電磁波の波長は10 kmから10 cmの範囲と幅広くなります。kmオーダーの長さは別として、cmからmオーダーの長さは電子機器間を接続するケーブル、広い範囲の電子・電気機器の電源ケーブ

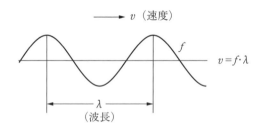

表1

電磁波の分類	周波数fの範囲	波長λの範囲
LF（長波～中波）	30 kHz～300 kHz	10 km～1 km
MF（中波～中短波）	300 kHz～3 MHz	1 km～100 m
HF（中短波～短波）	3 MHz～30 MHz	100 m～10 m
VHF（超短波）	30 MHz～300 MHz	10 m～1 m
UHF（極超短波）	300 MHz～3 GHz	1 m～10 cm

図1-10　EMCで扱う電磁波の周波数と波長範囲

1.7 EMCで扱う波の周波数と波長の範囲

ル（数mから数十cm）、信号配線、信号ケーブル、筐体の長さなどが相当することになります。

したがって、これら導体の長さがアンテナとなって電磁波が放射されることを考えなければなりません。いま、**図1-11(a)**のように電子機器（EUT）にAC電源が供給されているときには電源ラインから放射されるノイズ規制の周波数は150 kHzから30 MHzとなっているので、その波長は10 mから2 kmの長さまで及びます（**図1-11(b)**）。このkmオーダーの長さは一般の電気・電子機器にはないと考えられます。この試験は、これらの範囲の周波数ノイズがAC電源ラインを通して流れ出ると、ノイズによって家庭に供給される配電線や高圧線の長さに波が生じることになります（**図1-11(c)**）。この波がエネルギーを持ち電柱間の配線から電磁波が放射し、配線近くにある、または配線近くを通過する電子機器や配線に接続された電子機器に悪影響を与えることになります。

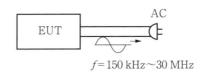

（a）電子機器から電源ラインに流れ出るノイズ規制

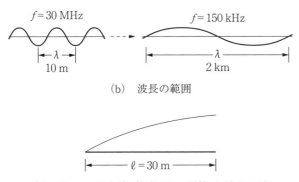

（b）波長の範囲

（c）30 mの電力線（電柱間の電線）に生じる波

図1-11　電子機器の電源ラインから流れる波が電力線から放射される

1.8 波源（回路のスイッチ）による波の発生とその拡がり

図1-12(a)に示すような簡単な回路で、スイッチSを閉じると電圧Vは配線端子のaにプラスの電荷が、配線端子bにマイナスの電荷が生じます（電源Vはプラスの電荷をb端子からa端子まで運ぶ、その結果a端子が＋、b端子が－となる）。端子aと端子bの間に立上り時間t_r、立下り時間t_fに対して変化に相当する電流波形がa端子からb端子に流れます（変位電流）。この変位電流が流れるとアンペール・マクスウエルの法則によってその周辺に磁界波が発生します。この部分で発生した電磁波は図1-12(b)のように波の発生源から近い距離では球面波（波面が球面状）であり、距離とともに波は伝搬して波源から遠ざかると海岸沿いの波と同じように波面が直線状（平面波）となります。これは通信のアンテナから放射された電磁波が遠方まで到達するときの波の形と同じになります。一方、図1-12(a)のような波源がたくさんあると波

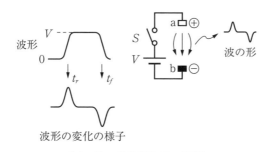

(a) 波の発生源とその波形

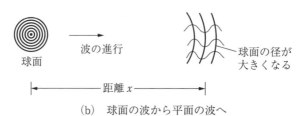

(b) 球面の波から平面の波へ

図1-12　デジタルスイッチによる波の発生源と波の形

源同士の干渉が起こり、波源の近くの状況（波の合成）と波源から離れた遠方では波の状況が異なることが考えられます。波源の強度が強くても近くの波源と干渉してそれが小さくなれば、遠方で観察される波の大きさも小さくなる場合も起こり得ます。

1.9
波の基本要素（波源、波の伝搬、波の受信）

(1) 基本要素の考え方

　波の考え方から見ると、回路の性能実現、電気・電子機器を実現するためには図1-13(a)のような波源、波の伝搬、波の受信の基本3要素が必要となります。信号のスイッチング動作をするICが波源となり、この波が伝搬経路を伝わり、負荷で波が受信されます。こうした流れの中で、波源に要求されるEMC性能は、波源のエネルギーを最小にすることです。特に高周波のエネルギーの低減に着目しなければなりません。次に波が伝搬する経路においては波が伝搬経路から空間への漏れを最小にする構造にすること、伝搬する波のエネルギーを熱や磁気のような別のエネルギーに変換させる（抵抗、フェライトビーズ、フェライトコアなど）、波が伝搬しにくくなるようにインピーダンスを高くします。このインピーダンスを高くするとは部品（所定の周波数でインピーダンスが高くなる抵抗、インダクタ、LPFなど）を使用しますが、部品を使用する前に空間への漏れを最小にする構造にすることが優先です（例えば、離れている金属間にキャパシタンスを挿入してノイズをバイパスさせようとするとインダクタンス成分が多くなり予期した成果が得られません）。伝搬する波のエネルギーを小さくする方法として波を筐体など幅広の金属に戻します。空気中に放射されないようにシールドするなどの方法が考えられます。波の受信部では受信する波のエネルギーをできるだけ最小にすることです。そのためには、図1-9(b)のように波を受信する面積を最小にします。この波は電界波Eと磁界波Hがあるがそれぞれの作用を考えるとこの面積最小とは、長さの最小化です。ここでも波の伝搬経路と同じく、波を筐体などの幅広金属部にそらす、空間及び伝導する波をシールドする方法、受信部である負荷は信号ライ

第 1 章　EMC は波の世界である。波を知ることから始まる

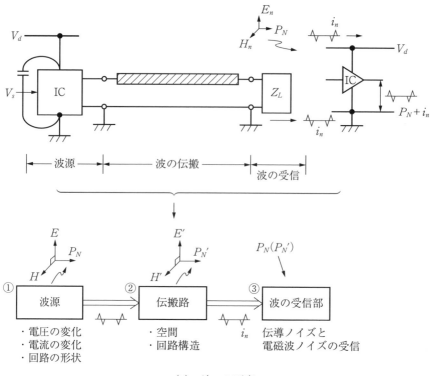

図 1-13　波の発生から受信までの 3 要素

ンと GND 間、電源ラインと GND に電位差が生じたときに障害となって現われるので、この電位差がなくなるようにノイズによる波の揺れ（大きさと波の位相差）がなくなるような平衡化の方法などが考えられます。

(2) EMC 対策への取組の方法

これら①波源、②波の伝搬経路、③波の受信部を考慮して、実際のノイズの問題への適切な対応方法を考えます。

- ノイズによって障害（誤動作、S/N 劣化等）があったとき、障害の状況を調べる。周期的なノイズなのか、単発の現象か、複雑な現象なのか、ノイズの受信部では分析のみを行う。
- 受信部での障害が空間からのノイズによる影響なのか、伝導するノイズによる影響か、特定する場合は、受信部を直接シールドして障害の状況の変化を見る、受信部に接続されている配線の変更などによって伝導か空間伝搬かの特定をする。
- 分析結果に基づいての波源（図 1-13 ①）の特定を行い、波源のエネルギーを低減する対策を行う。この対策により、受信部の障害の程度が低減しているか、低減していないならば、対策すべき波源はさらに別なところにあるので、それを探す。
- 波源への対策によるだけでは不十分な場合には、伝搬経路（図 1-13 ②）にこれまで述べたような対策を実施して、その様子を見る。
- 伝搬経路への対策によってある程度効果があるが、まだ障害が残る場合は、波の受信部が脆弱なので、波の受信部（図 1-13 ③）への対策を行う。
- プリント基板や電子機器等を設計する場合は、エネルギーの大きな波源、波の伝搬経路、波の受信部、レイアウトなどすべてを考慮して設計しなければならない。そのシステムでどこが波源となるのか、伝搬経路はどこか、ノイズの影響を受けやすいところはどこか考慮して EMC 設計を行わなければならない。

1.10 技術の進歩とEMCとの関わり

図 1-14 は横軸に技術の進歩を、技術の進歩とはさまざまな電子・電気機器の速度や性能の向上、多機能化などです。このことは処理時間 T の減少（高速化）、つまり周波数 f が高くなることと考えることができます。製品機能の

第1章　EMCは波の世界である。波を知ることから始まる

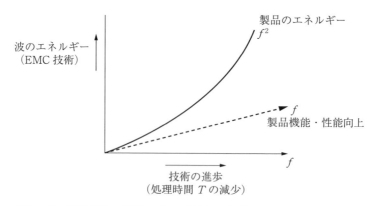

図1-14　製品機能・性能の向上（技術の進歩）とEMC技術の関係

向上は必ずしも周波数fに比例して向上ということは言えません。それに対して製品が持つ電気的な波のエネルギーは周波数fの2乗に比例して上昇します。EMCでは波源のエネルギーが大きければ、波の伝搬エネルギーも多くなり、漏れるエネルギーも多くなり、受信すべき波のエネルギーも多くなります。このため周波数fが上がると、そのエネルギーは2乗に比例して増加するため、EMC技術がますます難しくなることが考えられます。第6章のアンテナでは、ループアンテナ（通常のノーマルモード電流が流れるループ）から放射される電界強度Eは周波数fの2乗に比例します。周波数が10倍高くなれば、電界強度Eは$20 \log \frac{100}{1} = 40$ dBだけ多くなるため上昇分だけ低減させなければなりません。今後の電子・電気機器はさらなる高周波化と高機能化が進むものと考えられます。したがってEMC対応の技術はさらに難しくなることが予想されます。

第2章

波の基本（波のエネルギー）と
ノイズ対策

　電子回路を動作させることは、電圧を印加して電界波を作り、この波によって磁界波が生成され、2つの波が同時に負荷まで伝搬していくことです。EMC設計（ノイズ対策）の基本的な考え方は、波のエネルギーを最小にすることや外部への漏れを最小にすることにあります。したがって、波源や波の伝搬に関する基本的な知識が必要となります。

2.1 振動する波はどのように進むのか

(1) 横　波

　水面に石を投げると波は同心円状に広がっていきます。また波の上に浮かんでいるもの（木の葉など）に注目すると波の振動が大きい場合は上下に大きく揺れて、波の振動が小さい場合は上下小さく揺れます（**図2-1(a)** 水面の波）。水面に浮かんでいる木の葉に注目すると木の葉は上下に揺れているだけで波の形が遠方まで進んでいることに気づきます。このように波は時間が経つと遠くに伝搬し、ある時間には波の速度で決まる位置に到達することになります。すなわち波は距離と時間で表すことができます。

　波には横波と縦波があり、水面に広がっていく波のように進行方向と水面の変化する量が直交している波を横波と言います（**図2-1(b)**）。EMC（ノイズ放射とノイズ受信）で扱う波は横波です。デジタルクロックの高調波も周波数が高くなると波長が短くなり、伝搬する回路、配線や金属部分の長さによって分布する波の大きさが違ってきます（信号やノイズの波長に対する長さを電気長と呼んでいます）。このような現象は波動として扱い、時間と位置で表さな

第2章　波の基本（波のエネルギー）とノイズ対策

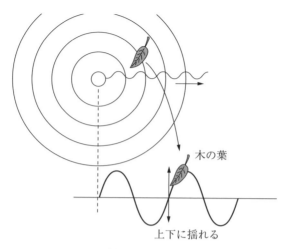

（a）　水面の波

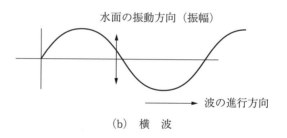

（b）　横　波

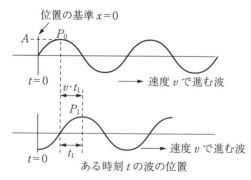

（c）　進行する波（進行波）

図2-1　波の発生と波の進行

ければなりません（時間と距離の関数）。**図 2-1(c)** には振幅 A、速度 v で進む波の時間 $t=0$ のときの位置 P_0 は時間 t_1 だけ経過すると波は $v \cdot t_1$（速度×時間）だけ進み、P_1 の位置となります。

(2) 振動する波の発生

波はある位置における振動がすぐ隣の位置の振動を引き起こし、さらに隣へと振動が伝搬していく現象です。この現象は**図 2-2(a)** に示したように振動を元に戻そうとする力（復元力と呼ぶ）と、元に戻るのを逆らう力（慣性力と呼ぶ）によって振動が繰り返されています。電気回路で言えば、**図 2-2(b)** に示すように電荷 Q でいっぱいになったキャパシタンスは電荷（電荷が減少すると電流となる）をインダクタ L に戻そうとする（復元力）、インダクタは流れる電流を流すまいと抵抗する力（慣性力）によって振動が発生しており、その振動の周波数（共振周波数）は復元力と慣性力によって決まり次のようになり

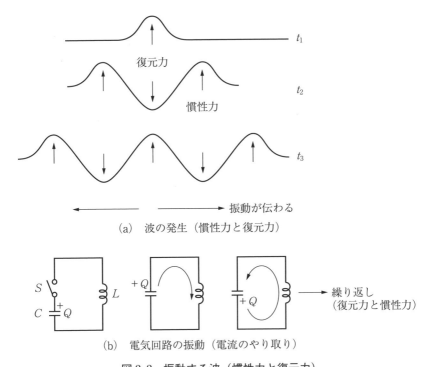

(a) 波の発生（慣性力と復元力）

(b) 電気回路の振動（電流のやり取り）

図 2-2 振動する波（慣性力と復元力）

第 2 章 波の基本（波のエネルギー）とノイズ対策

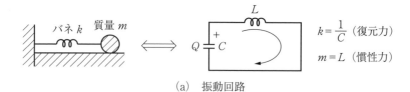

(a) 振動回路

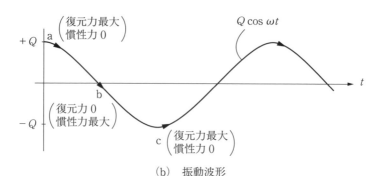

(b) 振動波形

図 2-3 復元力と慣性力による振動

ます。

$$共振周波数 = \sqrt{\frac{復元力}{慣性力}} = \sqrt{\frac{k}{m}} = \frac{1}{\sqrt{LC}} \quad \cdots\cdots (2.1)$$

ここで、慣性力は力学の質量 m に相当し、電気回路ではインダクタンス L $\left(V = L \cdot \dfrac{di}{dt}\right)$ に該当します。また、復元力は力学のバネ定数 k（$F = k \cdot x$、F：力、x：バネの変位）に相当し、電気回路ではキャパシタンス $\dfrac{1}{C}$ $\left(V = \dfrac{1}{C} \cdot Q\right)$ に相当するので共振周波数は式(2.1)のように $\dfrac{1}{\sqrt{LC}}$ となります（**図 2-3(a)**）。こうして**図 2-3(b)**のようにLC回路のキャパシタの電荷の振動波形はa点、b点、c点で復元力と慣性力が交互に最大と最小を繰り返しながら振動 $\left(Q\cos\omega t、\omega = \dfrac{1}{\sqrt{LC}}\right)$ が続きます。この振動がエネルギーを生み出すことになります。電子回路や電子機器の構造はすべてがインダクタンス L とキャパシタンス C で構成されているので振動が発生します。

2.2 波の表し方

　時間的に変化する波を表すと**図 2-4(a)**のようになります。波は周期的に変動するもので、振幅 A で x 軸上を時刻 $t=0$ でスタートして角速度（角度が回転する速度）を ω とすれば時間 t 後に進む角度（位相）は $\theta = \omega t$ となります。この位相 θ を横軸に、縦軸に振幅をとると振幅最大値 A から次の振幅の最大値までの時間が周期 T となります。角速度 ω は円の一周（角度 2π）を回転する時間が周期 T なので $\omega = \dfrac{2\pi}{T}$ となり、sin 波は $y = A \sin \theta = A \sin \omega t$、cos 波は $y = A \cos \theta = A \cos \omega t$ となります。

　いま、**図 2-4(b)**で x 軸方向に時間的に変化する波を $y = A \sin \omega t$（点線）とすれば、この波が x 軸上を速度 v で進み時間 t 後に P 点から実線の P_0 点に移動すると $y = A \sin \omega t$ の波は時間 t だけシフトしたことになります。このシフ

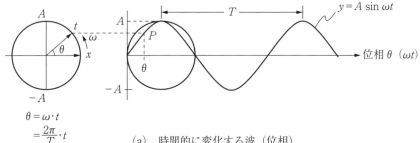

(a) 時間的に変化する波（位相）

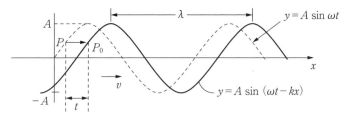

(b) x 軸の正の方向に速度 v で進む波（距離）

図 2-4　波の表し方（時間 t と距離 x）

トに要する時間 t は $t=\dfrac{x}{v}$ なので実線の波は $y=A\sin\omega\left(t-\dfrac{x}{v}\right)=A\sin\left(\omega t-\dfrac{\omega}{v}\cdot x\right)$ と表すことができ、$k=\dfrac{\omega}{v}$ とおけば、次のようになります。

$$y=A\sin(\omega t-kx) \quad \cdots\cdots\cdots\cdots\cdots\cdots\cdots\cdots\cdots\cdots\cdots\cdots\cdots (2.2)$$

ここで、k は $k=\dfrac{\omega}{v}=\dfrac{2\pi f}{v}=\dfrac{2\pi}{\left(\dfrac{v}{f}\right)}=\dfrac{2\pi}{\lambda}$ [rad/m] となり、単位は 1 m 当たりの位相変化量 [rad] を示しています。つまり距離を位相に変換する係数となります。式(2.2)の sin の中の kx は距離 x における位相を表し、ωt は t 秒後の位相を表しているので（$\omega t-kx$）は t 秒後の位置 x における位相 θ を表していることになります。

2.3
波数 k（位相定数）とは何か、波数を用いた波の表現

図 2-5(a) のように波が原点（距離 $x=0$）からある時間後に距離 x_0 の位置に到達したときの位相は $\theta=kx_0=\dfrac{2\pi}{\lambda}\cdot x_0$ [rad] となります。いま、波数 k の波を $y=\sin kx$ として $k=1,2,4$ の場合についてグラフに書くと図 2-5(b) のようになります。①の $k=1$ のときに比べて②の $k=2$ の場合には、位相 2π の中に 1 波長の波が 2 個あります。③の $k=4$ の場合には位相 2π の中に 4 波長の波が存在することになるので、この k は位相 2π の中にどれだけの波が存在するか、その波の数を示していることになるので波数と呼ばれます。このことは、波長 λ に相当する周期が 2π なので（$k=1$）、$k=2$ のときには距離とともに位相が 4π、$k=4$ のときには距離とともに位相が 8π になります。このことは、波は進む距離とともに位相が増えていくことになります。

このように進行する波（進行波）の k の値は連続した値となります。これに対して、ノイズの放射やノイズの受信に大きく影響する定在波（第 4 章）は k が特定の値（とびとび、離散値）しかとることができません。

波は時間的に変化するとともに距離が進んでいきます。その空間への広がりは水平方向（1 次元）、平面方向（2 次元）、立体方向（3 次元）とあります。

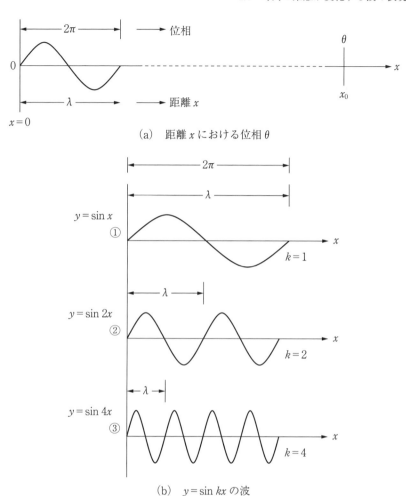

(a) 距離 x における位相 θ

(b) $y = \sin kx$ の波

図 2-5 波数 k を変えたときの波

2.4
時間と距離が変化する波の表現

図 2-6(a) には振幅 A の波 a が速度 v で距離 x 方向に進むとき波数 k を用いて $y = A \sin kx$ と表すと、この波が t 時間後には距離 $v \cdot t$ だけ進み波 b となります。この波 b は距離が $v \cdot t$ だけ x 軸方向に平行移動（シフト）したものなので、

第2章 波の基本（波のエネルギー）とノイズ対策

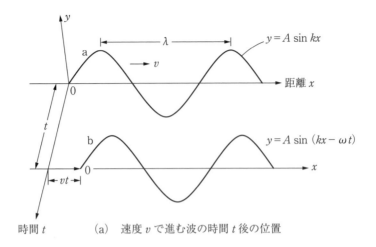

(a) 速度 v で進む波の時間 t 後の位置

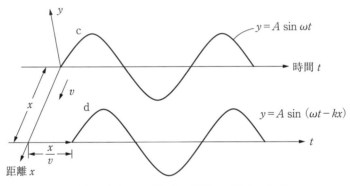

(b) 速度 v で進む波の距離 x に達する時間

図 2-6　時間的に変化する波と距離的に変化する波

時間 t 後の波は $y = A \sin k(x - vt) = A \sin(kx - kvt)$ となります。ここで波数 k は $k = \dfrac{\omega}{v}$ の関係より、$kv = \omega$ となるので、$y = A \sin(kx - \omega t)$ と表すことができます。つまり位相が $\omega \cdot t$ だけシフトしたものとなります。次に図 2-6(b) のように時間的に角周波数 ω で振動している波 c を $y = A \sin \omega t$ と表すと、この波が速度 v で x 軸上を進むと距離 x においては時間が $\dfrac{x}{v}$ だけ遅れた d の波となります。この波 d は $y = A \sin \omega \left(t - \dfrac{x}{v} \right) = A \sin \left(\omega t - \dfrac{\omega}{v} x \right)$ と表すことができ

$y = A\sin(\omega t - kx)$ となります。このように距離的に変化する場合と時間的に変化する場合では位相の変化が $kx - \omega t$ と $\omega t - kx$ と逆になることがわかります。

2.5 減衰する波の表現

　自然現象には増大する波もあるが、時間とともに、距離が離れるにつれて減衰していく波が多い。大きさが一定で、周期的に振動する波は**図 2-7**(a)のよ

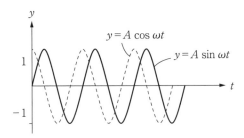

(a)　$\sin \omega t$ と $\cos \omega t$ （減衰しないで振動）

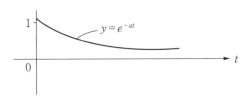

(b)　減衰する指数関数 e^{-at} （$a>0$）

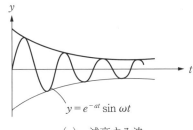

(c)　減衰する波

図 2-7　時間とともに減衰する波

うに $y=A\sin\omega t$ や $y=A\cos\omega t$ で表すことができます。時間 t とともに減衰するカーブは**図2-7(b)**のような指数関数 $y=e^{-at}$ ($a>0$) で表すことができるので、周期的に振動しながら時間とともに減衰する波は、振動する波 $y=A\sin\omega t$ と減衰する指数関数を掛け合わせ $y=e^{-at}\cdot\sin\omega t$ で表現することができます（**図2-7(c)**）。デジタル信号のリンギングやオーバーシュートの波形がこれに相当します。時間的な変化に対して距離とともに減衰する波は時間的な位相 ωt を距離的な位相 kx に置き換えて $y=A\sin kx$、また距離的に減衰する波は $y=e^{-ax}$ ($a>0$) と表せるので、これらを掛け合わせると $y=e^{-ax}\cdot\sin kx$ となります。自然現象や電子回路の中で起こる現象には、持続的に意図した発振回路を除けば、このように時間とともに、また距離とともに減衰する現象は多くあります。EMCにおいても伝送線路を伝搬していく波や空間を伝搬する波も

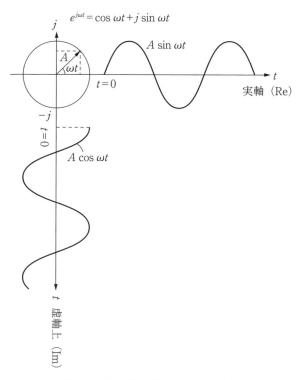

図2-8　複素数で表した波 ($Ae^{j\omega t}$)

時間とともに、距離が離れるに従って減衰します。抵抗 R、インダクタンス L、キャパシタンス C からなる回路では抵抗による減衰、L と C によるフィルタ効果のために減衰する波となります。

オイラーの公式 $e^{j\omega t} = \cos \omega t + j \sin \omega t$（第 9 章 9.9 参照）は実数成分と虚数成分とも同時に振動する波を表すことができます。指数関数で表示すると積、商、微分、積分などの演算が容易になります。**図 2-8** のように $Ae^{j\omega t}$ の波は大きさが A で実軸上を振動する $A \sin \omega t$ の波と虚軸上で振動する $A \cos \omega t$ の波を同時に表すことができます。

減衰する波は sin 波に減衰する指数関数 $y = e^{-at}$（$a > 0$）を掛け算したが、$e^{j\omega t}$ に減衰する指数関数を掛けて $y = e^{-(a-j\omega)t}$ と表すことができ、次のように sin 波も cos 波も同時に表すことができます。

$$y = e^{-at} \times e^{j\omega t} = e^{-at}(\cos \omega t + j \sin \omega t)$$
$$= e^{-at} \cdot \cos \omega t + je^{-at} \cdot \sin \omega t \quad \cdots\cdots (2.3)$$

sin の場合は虚数成分を、cos の場合は実数成分をとれば求めることができます。このオイラーの公式を使って波を表すと計算が容易になり、非常に便利となります。

2.6 波の重ね合わせ

(1) 波の重ね合わせの原理

いま、**図 2-9** のように x 軸上の $x = 0$ に、速度 v_1 で x 軸の負の方向（−）から向かう波と、x 軸の正の方向（＋）から速度 v_2 で向かう波があります。これら 2 つの波が $x = 0$ の地点で合流すると波は単純に足したものとなり、合成すると大きな振幅の波となるが、その後はそのまま単独の波として合流する前と同じ速度でそれぞれ進むことになります。2 つ以上の波が重なり合って合成した波の変位（大きさ）はそれぞれの波の変位の和に等しくなります。これを波の重ね合わせの原理と言います。波が重なっても波の特性である振幅、速度、波長には影響しません。重なり合った後には元のまま何もなかったように進みます。EMC の分野では伝送路を伝搬する進行波と反射波の合成、電子回路か

第 2 章　波の基本（波のエネルギー）とノイズ対策

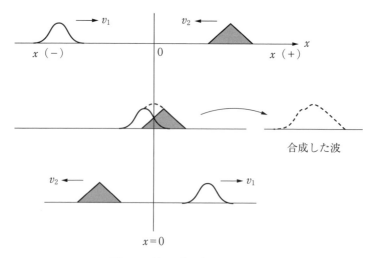

図 2-9　波の重ね合わせの原理

ら空間に放射される電磁波（平面波領域）の合成、電磁波の金属シールド板への入射と反射の合成など波の重ね合わせの原理を適用できるケースが多くあります。

いま、簡単にするために x 軸正の方向に進む波を $y_1 = A\cos(kx - \omega t)$ として、同じ振幅で逆方向に進む波を $y_2 = A\cos(kx + \omega t)$ とすれば、波の重ね合わせの原理により合成した変位 y は次のようになります。

$$\begin{aligned} y &= y_1 + y_2 \\ &= A\cos(kx - \omega t) + A\cos(kx + \omega t) \\ &= 2A\cos kx \cdot \cos \omega t \end{aligned} \quad \cdots\cdots (2.4)$$

波を $y = A\sin \omega t$ で表すと時間 $t = 0$ のとき変位 $y = 0$ となるが、デジタル回路では $t = 0$ から短時間で急激に電圧や電流を印加する場合が多い。**図 2-10** は時間 $t = 0$ から短時間で電圧 V まで変化する電圧波形、この電圧波形の時間変化は $I = C \cdot \dfrac{dV}{dt}$（変位電流）、$y = A\cos \omega t$（$t = 0$ にて $y = A$）の波形を示しています。

このように時間 $t = 0$ で信号が加わることを考慮すると $y = A\cos \omega t$ で表した方が扱いやすくなります。したがって、正弦波状に変化する波を扱う場合

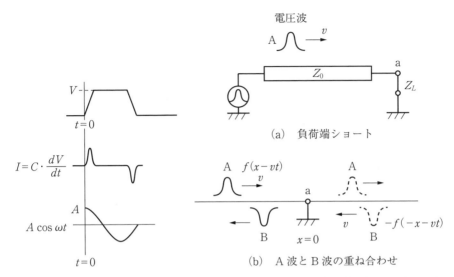

図 2-10 時間 t ($t>0$) における有限な変化

図 2-11 $x=0$ における波の重ね合わせ ($Z_L=0$)

は $\cos\omega t$ や $\cos kx$ の形で表現することにします。

(2) 電圧波の反射（負荷ショート）

図 2-11(a) には信号源からの電圧波 A が特性インピーダンス Z_0 の伝送路を伝搬して、Z_0 に比べてインピーダンスが非常に低い負荷端 a ($Z_L=0$) に達すると、ここでは電圧波 A の大きさは時間に関係なくゼロとならなくてはならない。この場合は電圧波 A だけではゼロの条件を満たすことができない。そこで図 2-11(b) のように伝送路反対側から負荷端 a に向かってくる大きさが等しく逆の極性を持った電圧波 B を考えると、この電圧波 B が a 点で電圧波 A と重ね合って大きさがゼロとなり、その後電圧波 B は反射波となって信号源側に向かっていくと考えることができます。

いま、a 点に向かう電圧波 A を $f(x-vt)$ として、他に a 点でゼロになる条件を満たす電圧波を $g(x+vt)$ と仮定すると合成された波形は次のようになります。

$$u(x,t) = f(x-vt) + g(x+vt) \quad\cdots\cdots\cdots\cdots\cdots (2.5)$$

$x=0$ の位置では、$u(0,t)=0$ なので式 (2.5) より $f(-vt)+g(vt)=0$ を満たさ

なければならない。つまり $g(vt) = -f(-vt)$ となることです。$vt = h$ とおけば、$g(h) = -f(-h)$、つまり $u(x, t)$ は次のようになります。

$$u(x, t) = f(x - vt) + [-f(-x - vt)]$$

このことは大きさが同じで逆方向に進む波が存在しなければならないということです。つまり、a 点への入射電圧波 A は a 点をそのまま通り抜け（点線の波 A）、反射波である点線の波 B が a 点に向かい、実線の反射波 B となって信号源側に向かって進むと考えることができます。この現象は負荷端 a のショートの状態が電圧波 A が近づいてくると大きさが等しく位相が逆の電圧波 B（反射となる）を作り出すと考えることができます。壁に力を加えると壁から力を受ける現象（作用と反作用）によく似ています。

(3) 電圧波の反射（負荷オープン）

次に**図 2-12(a)** に示すように負荷端 a のインピーダンスが Z_0 に比べて非常に大きい（$Z_L = \infty$）ときには、**図 2-12(b)** に示すように a 点に向かう電圧波 B を考え、この電圧波 B と進行してくる電圧波 A が a 点で重なり合い、a 点で

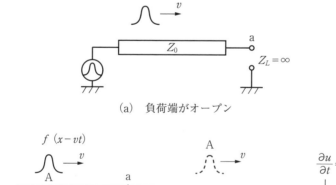

(a) 負荷端がオープン

(b) A 波と B 波の重ね合わせ

図 2-12　$x = 0$ における波の重ね合わせ（$Z_L = \infty$）

の大きさは最大となります。その後電圧波Bは反射波として信号源に向かっていきます。a点の条件は重なり合った波が自由に上下方向に動けることが必要であり、そのためにはa点（$x=0$）における波の傾き（式(2.5)を微分）が時間に関わりなくゼロ $\left(\dfrac{\partial u}{\partial t}=0\right)$ でなければなりません。

式(2.5)を時間tについて微分すると、$\dfrac{\partial u}{\partial t} = -v \cdot f'(x-vt) + v \cdot g'(x+vt)$ となるので位置$x=0$において$\dfrac{\partial u}{\partial t}=0$となるためには、$g'(vt) = -f'(-vt)$、$vt=h$とおき両辺を積分すると$g(h) = -f(-h) + C$（$C$は積分定数）が得られ、これより、

$$u(x,t) = f(x-vt) + f(-x-vt) + C$$

となります。同じ大きさで逆方向（xと$-x$）の反射波が存在することになります。積分定数Cは$x=0$における合成波の振幅より求めることができます。$f(x-vt)$の最大振幅をA、$f(-x-vt)$の最大の振幅をAとすれば、$t=0$で$u(0,t)=2A$とすれば、$C=0$となります。

図2-11と図2-12は電圧の波について取り扱ってきましたが、電流の波を考えるときには図2-11の負荷端がショートでは電流波は振幅最大となり、図2-12の負荷端がオープンでは電流波の振幅はゼロとなり、負荷端での波の条件が全く逆となります。

2.7 波のエネルギーからノイズ対策を考える

(1) 単振動のエネルギー

空気抵抗や摩擦が無視できる理想的なバネ（質量m）の単振動の変位は$u = A\sin\omega t$で表され、そのエネルギーは速度vによる運動エネルギーで次のようになります。

$$\frac{1}{2}mv^2 = \frac{1}{2}m\left(\frac{du}{dt}\right)^2 = \frac{1}{2}mA^2\omega^2\cos^2\omega t \,[\text{J}]$$

いま、**図2-13(a)**のように質量mの物体が半径Aの大きさの円周上を角速度ωで運動しているときの運動エネルギーKは次のように表すことができます。

第2章 波の基本（波のエネルギー）とノイズ対策

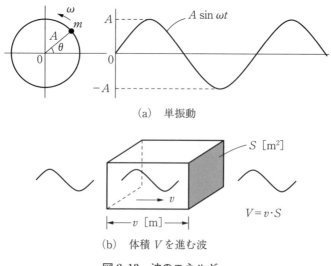

(a) 単振動

(b) 体積 V を進む波

図 2-13 波のエネルギー

$$K = \frac{1}{2}mv^2 = \frac{1}{2}m(A\omega)^2 = 2\pi^2 mA^2 f^2 [\mathrm{J}] \quad (v = A\omega、\omega = 2\pi f)$$

波動は単振動のエネルギーが次から次へと移動するので波のエネルギー U は、**図 2-13(b)** に示す媒質の単位体積中の含まれる振動のエネルギーなので

$$U = \frac{K}{V} = \frac{2\pi^2 mA^2 f^2}{V} [\mathrm{J/m^3}]$$

$$= 2\pi^2 \rho A^2 f^2 [\mathrm{J/m^3}] \quad \cdots\cdots\cdots\cdots\cdots\cdots\cdots\cdots\cdots\cdots\cdots\cdots\cdots (2.6)$$

$$\left(\rho = \frac{m}{V} [\mathrm{kg/m^3}]\right)$$

波の強さは波の進行方向に垂直な単位面積を単位時間に通過するエネルギーで表すことができるので、速度を v とすれば波の強さ W_I は次のようになります。

$$W_I = Uv = 2\pi^2 \rho v A^2 f^2 \left[\frac{\mathrm{J}}{\mathrm{s \cdot m^2}}\right] \quad \cdots\cdots\cdots\cdots\cdots\cdots\cdots\cdots\cdots (2.7)$$

波のエネルギーの時間的割合が仕事率 $P[\mathrm{W} = \mathrm{J/s}]$ なので、波の進行方向に垂直な断面積を S とすれば、波の仕事率は次のようになります。

$$P = W_I \cdot S = 2\pi^2 \rho v S A^2 f^2 [\text{W}] \quad \cdots\cdots\cdots\cdots\cdots\cdots\cdots\cdots\cdots\cdots\cdots\cdots (2.8)$$

これより波の強さは媒質の密度 ρ、波の速度 v、振幅 A の 2 乗と周波数 f の 2 乗、波が通過する面積 S に比例することになります。

(2) 波のエネルギーを低減するためには（図 2-14）

ノイズ対策で第一に考えなければならないことは、波のエネルギー①を小さくすることである。次に、回路外に放出される波のエネルギー③を少なくするために波②を回路構造の内部に閉じ込めることである。式(2.7)や式(2.8)に基づいて波のエネルギーを小さくするためには以下の項目に着目する必要があります。

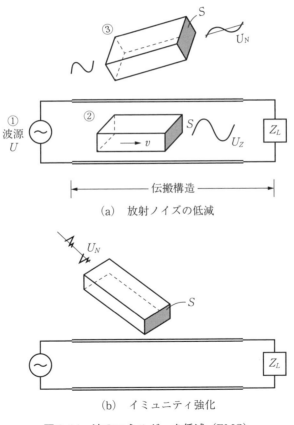

(a) 放射ノイズの低減

(b) イミュニティ強化

図 2-14 波のエネルギーを低減（EMC）

①媒質の密度 ρ

媒質の密度を高めて所定の場所の波のエネルギーを大きくする（エネルギー閉じ込め）。多層基板内の誘電率 ε を大きくして信号波の周りを囲むことは、誘電体にエネルギーが集中して外部空間に漏れる波のエネルギーを少なくすることです。また、透磁率 μ が大きければ、空間のエネルギーがフェライトコアなどの磁性材料の中に集中して増大することになります。

②速度 v

これも①と関連して誘電体 ε（比誘電率 ε_r）で覆うと速度は $\frac{c}{\sqrt{\varepsilon_r}}$（$c$ は光速）となり、遅くなるので波のエネルギーは小さくなります。大きな誘電体材料や磁性材料（透磁率 μ、比透磁率 μ_r）を使用すれば電磁波の速度は $\frac{c}{\sqrt{\varepsilon_r \cdot \mu_r}}$ となり、さらに速度は遅くなります。

③波が通過する面積 S

波のエネルギーを小さくするには波が外部に出ていく経路の面積を小さくすればよいことになります。これには、大きなスリットより小さなスリット、大きな開口部より小さな開口部、信号回路を小さなループにする、信号パターンを GND パターンで囲むガード電極、多層基板の電源・GND プレーンなどがこの方法に該当します。回路ループ面積を小さくすれば**図 2-14(b)** に示すように外部から受けるノイズエネルギーが少なくなります。

④波の振幅 A

波のエネルギーが振幅の 2 乗に比例するので振幅を低減すると効果は大きくなります。デジタルクロック（台形波）のフーリエ係数のスペクトルの平均振幅が $2A\left(\frac{P}{T}\right)$、パルス duty は $\frac{P}{T}$、デジタルクロックの立上り時間 t_r による高周波成分の減衰は $f=\frac{1}{\pi t_r}$ によって決まります。振幅 A を小さくするとスペクトル全体のレベルが下がる、duty 比 $\left(\frac{P}{T}\right)$ を小さくして低周波領域のスペクトルのレベルを下げる、立上り時間 $t_r\left(f=\frac{1}{\pi t_r}\right)$ を長くして（t_r の大きい IC を選択）高周波成分のレベルを下げることができます（第 9 章 9.10 のフーリエ級数参照）。

2.7 波のエネルギーからノイズ対策を考える

⑤イミュニティの強化

図 2-14(a) のように電磁波を閉じ込める伝搬構造にしておけば、図 2-14(b) のように外部から侵入するノイズ U_N も信号伝搬経路にも入りにくくなります。

⑥波の周波数 f （ノイズ対策が難しい理由）

波のエネルギーが周波数 f の 2 乗に比例するので高周波の波を低減することが重要となります。電子機器で取り扱う周波数は高くなる一方なので、周波数が 10 倍になれば、波のエネルギーは 100 倍となり、電界や磁界の量は 20 log 100 = 40 bB だけ多くなります。これを低減するには、不要な高周波のエネルギーを抵抗や LPF ローパスフィルタを使用することによって低減することができます。イミュニティにおいては周波数が高くなると波の波長がより短くなるので、伝搬構造の小さなすき間もノイズが入りやすく、また出やすくなります。このように周波数が高くなると、EMC 性能を上げるためにはより波が漏れにくくまた侵入しにくい構造（面積 S の小さい）にしなければならない。

(3) 電荷の単振動による波のエネルギー

同じように電子回路においてもバネに相当するキャパシタンス C と質量に相当するインダクタンス L の間で振動が発生します。ここで電荷が単振動するとしてその変位を $Q = Q_0 \sin \omega t$ とすれば、キャパシタンス C に蓄えられる電界エネルギー U_E は次のようになります。

$$U_E = \frac{1}{2} CV^2 = \frac{1}{2} C \left(\frac{Q}{C} \right)^2$$

$$= \frac{1}{2} \frac{Q_0^2}{C} \cdot \sin^2 \omega t \quad \cdots\cdots\cdots\cdots\cdots\cdots\cdots\cdots\cdots\cdots\cdots\cdots\cdots (2.9)$$

また、質量に相当するインダクタンス L に蓄えられる磁界エネルギー U_H は、

$$U_H = \frac{1}{2} LI^2 = \frac{1}{2} L \left(\frac{dQ}{dt} \right)$$

$$= \frac{1}{2} L Q_0^2 \omega^2 \cdot \cos^2 \omega t$$

ここで、$\omega^2 = \dfrac{1}{LC}$ なので、次の式が得られます。

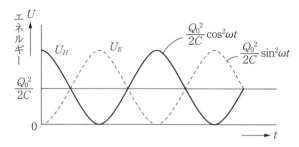

図 2-15　LC 回路の電界エネルギー U_E と磁界エネルギー U_H の変化

$$U_H = \frac{1}{2} L Q_0^2 \omega^2 \cdot \cos^2 \omega t = \frac{Q_0^2}{2C} \cdot \cos^2 \omega t \quad \cdots\cdots (2.10)$$

式(2.9)と(2.10)より磁界エネルギーと電界のエネルギーは**図 2-15** のように変化して、大きさは $U_E + U_H = \frac{1}{2}\frac{Q_0^2}{C} = \frac{1}{2}L\omega^2 Q_0^2$ となってそれぞれ $\frac{Q_0^2}{2C}$ と等しく、その和は一定となります。電界波と磁界波のエネルギーはインダクタンス L と電荷の振幅 Q の2乗と周波数 ω の2乗の積に比例することがわかります。

- ノイズ対策では、電界と磁界のエネルギーを最小にする、そのためには L と ω と Q に着目して、ループインダクタンス L を最小にする（信号電流が流れる経路の長さを最小にする）、周波数 ω を低くする。高周波成分をカットする。電荷 Q を小さくする（電荷に働く力である電圧 V を低くする、高調波の電圧 V 成分をカットまたは低減して電流を少なくする）。

(4) 球面波と平面波の距離における変化

波のエネルギーは振幅の2乗に比例するので、波源から距離 r だけ離れたエネルギーの合計は次の式のようになります。

- 球面波

小さな波源から球面状に放射される球面波では、波源の全エネルギー U は半径 r だけ離れた球の表面積 $4\pi r^2$ と波のエネルギー密度（振幅 A^2）の積に比例するので $U \propto 4\pi r^2 \times A^2$ となり、振幅 A は次のようになります。

$$A \propto \frac{1}{r}\sqrt{\frac{U}{4\pi}} \quad \cdots\cdots (2.11)$$

式(2.11)より球面波から放射される波の振幅 A は距離 r に反比例して減衰

していくことになり、これが球面波から平面波の状態となります。球面状に広がる波の例として、波源がアンテナ（プリント基板内のICや信号配線、ケーブルなどがアンテナ）となって、空間に放射される波がこれに相当します。

● 平面状に広がる波

波源から平面状に広がる波の全エネルギー U は半径 r だけ離れた円筒状の表面積 $2\pi r$ とエネルギー密度（振幅 A^2）に比例するので $U \propto 2\pi r \times A^2$ となり、振幅 A は次のようになります。

$$A \propto \sqrt{\frac{U}{2\pi r}} = \frac{1}{\sqrt{r}} \cdot \sqrt{\frac{U}{2\pi}} \quad \cdots\cdots\cdots\cdots\cdots (2.12)$$

波の振幅 A は距離 r の平方根（$\sqrt{r}$）に反比例して減衰していきます。距離が100m離れて $\frac{1}{10}$ だけ減衰します（水面を伝わる平面波は減衰が少ないのでその変化がわかりにくい）。これに対して球面波は $\frac{1}{100}$ と大きく減衰します。このことから球面状の波源のほうが距離が離れるにつれて減衰が大きくなることがわかります。

2.8 波を支配する波動方程式とその意味

進行波は一方向に進む波であり、定在波は左右に進む進行波の合成（線形加算）によって生じる、矩形波の高調波もそれぞれの波（フーリエ級数）の合成なので波動方程式を満たすことになります。

(1) 1次元の波動方程式

静かな水面に小石を落とすと、波が平面状に伝わります。小石を落としたところでは波の振幅が大きく、距離が離れるに従って振幅は小さくなり、波の周期も長くなることがわかります。波には弦を弾いたときの振動、ギターや太鼓の振動、水面を伝わる波、伝送路を伝わる波などたくさんあり、様々な現象で波が生じますが、これらはすべて波動方程式によって記述することができます。

波動方程式は波の振る舞いを記述したもので、その求め方は古典力学的な方法を用いて求めることができます（第10章10.2参照）。その結果を示すと1次元の場合は次のようになります。

第2章　波の基本（波のエネルギー）とノイズ対策

$$v^2 \cdot \frac{\partial^2 u}{\partial x^2} = \frac{\partial^2 u}{\partial t^2} \quad \left(v = \frac{\omega}{k}\right) \quad \cdots\cdots\cdots\cdots\cdots\cdots\cdots\cdots\cdots (2.13)$$

ここで、vは波の速度で伝搬する媒質によって決まります。uは波の変位、xは距離、tは時間を表しています。式(2.13)の2次微分は時間が経過、距離が離れると平均値に落ち着こうとすることです（微分の考え方は第10章10.5参照）。

物理現象の多くが波動方程式のような2次微分の形で表されることは、自然現象はいつも平衡の状態、平均の状態に落ち着こうとします。水面の波も小石が落とされたところでは振幅が大きいが、時間が経ち、距離が離れていくにつれて次第に振幅は小さくなっていき、ついには振幅ゼロとなります。電子回路における振動現象もやがて時間が経つと振動は小さくなり（電気的な振動エネルギーが配線等の抵抗成分によって熱エネルギーとして変換されるためです）最後にはなくなってしまいます。

式(2.13)の左辺の次元は$[m/s]^2 \cdot [1/m^2] = [1/s^2]$となり右辺に一致することがわかります。電磁波では速度が媒質の誘電率εと透磁率μで決まり、$v = \frac{1}{\sqrt{\varepsilon\mu}}$ [m/s]となります。

(2) 波動方程式の解

これまでに述べたように、$x=0$の位置において振幅がV_A、速度vでx軸の方向に進む波は、時間t後の位置は$v \cdot t$だけ進み$V_A(x-vt)$と表せます。x軸の負の方向に進む振幅V_Bの波は、時間t後には$-vt$の位置に進むので、この波は$V_B(x+vt)$と表すことができます。この2つの進行波はそれぞれ波動方程式(2.13)を満たすことがわかります。

$$\text{波動方程式の左辺} = v^2 \cdot \frac{\partial^2 u}{\partial x^2} = v^2 \cdot V_A''(x-vt)$$

$$\text{右辺} = \frac{\partial^2 u}{\partial t^2} = v^2 \cdot V_A''(x-vt)$$

左辺＝右辺となり、同様に$V_B(x+vt)$も波動方程式を満たします。

2つの波$V_A(x-vt)$と$V_B(x+vt)$を重ね合わせた波$u = V_A(x-vt) + V_B(x+vt)$も波動方程式を満たすことがわかります。

いま、**図2-16**(a)には電圧V（力に相当）があり、スイッチが閉じると波が

2.8 波を支配する波動方程式とその意味

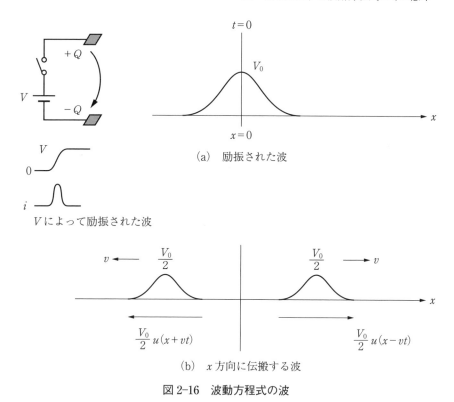

図 2-16 波動方程式の波

励振されます。この波の $x=0$ の位置における大きさを V_0 とすれば励起された波は**図 2-16(b)** に示すように x 軸の正の方向に進む波は $\frac{V_0}{2} \cdot u(x-vt)$ と表すことができ、x 軸の負の方向に進む波は $\frac{V_0}{2} \cdot u(x+vt)$ と表すことができます。これは $x=0$ の位置における波が左右の方向に分かれて進行するものと考えられるので大きさは半分の $\frac{V_0}{2}$ となります（第 10 章 10.2(3) 参照）。初期状態の変位 $u_0(x)$ を与えると、波は 2 つに分かれて左右に大きさが半分となって進むことです。この現象は微分方程式を解かなくても日常の経験で感覚的に理解できます。EMCでは1次元に進む波は信号を送る回路、ケーブルなどが該当します。

(3) 電磁波の波動方程式（1次元）

図 1-8(b) に示したように、電界波 E が x 軸方向に、磁界波 H が y 軸方向に変位して z 軸方向に進む電磁波の波動方程式は次のような 2 次の偏微分方程式

で表すことができます。

$$\frac{\partial^2 E_x}{\partial z^2} = \frac{1}{v^2} \cdot \frac{\partial^2 E_x}{\partial t^2} \quad \cdots\cdots\cdots\cdots\cdots\cdots\cdots\cdots\cdots\cdots\cdots\cdots\cdots (2.14)$$

$$\frac{\partial^2 H_y}{\partial z^2} = \frac{1}{v^2} \cdot \frac{\partial^2 H_y}{\partial t^2} \quad \cdots\cdots\cdots\cdots\cdots\cdots\cdots\cdots\cdots\cdots\cdots\cdots\cdots (2.15)$$

$$\left(v = \frac{1}{\sqrt{\varepsilon \mu}} \right)$$

速度 v は電磁波が進む媒質の誘電率 ε と透磁率 μ によって決まります（波動方程式の解き方は第5章5.9参照）。

(4) 2次元と3次元の波動方程式

2次元 x 方向と y 方向に進む波の t 時間における波動方程式は2次微分からなり次のように表すことができます。

$$\frac{\partial^2 u}{\partial t^2} = v^2 \cdot \left(\frac{\partial^2 u}{\partial x^2} + \frac{\partial^2 u}{\partial y^2} \right) \quad \cdots\cdots\cdots\cdots\cdots\cdots\cdots\cdots\cdots (2.16)$$

EMCではプリント基板の中央にICがありこのICが励振源となってプリント基板の電源・GNDパターン、プリント基板と筐体間のコモンモードノイズ源からの波は2次元に伝わります。

x 方向、y 方向、z 方向の3次元に進む波の波動方程式も同様に次のように表すことができます。

$$\frac{\partial^2 u}{\partial t^2} = v^2 \cdot \left(\frac{\partial^2 u}{\partial x^2} + \frac{\partial^2 u}{\partial y^2} + \frac{\partial^2 u}{\partial z^2} \right) \quad \cdots\cdots\cdots\cdots\cdots\cdots (2.17)$$

EMCではループアンテナやモノポールアンテナから空間に放射される電磁波は球面状に広がるため3次元に進む波となります。

2.9 振動する波の特徴とその抑制方法

(1) 自己振動と抵抗による共振の減衰

図2-17(a)の抵抗 R、インダクタンス L、キャパシタンス C の直列回路において、電源 V からキャパシタンス C を充電して（スイッチa側）、その後ス

2.9 振動する波の特徴とその抑制方法

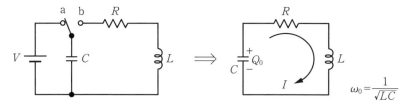

(a) 抵抗 R のある LC 共振回路

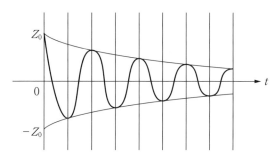

(b) 抵抗 R が小さいとき $r<\omega_0\left(\dfrac{R}{2L}<\dfrac{1}{\sqrt{LC}}\right)$

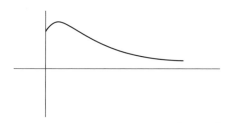

(c) 抵抗 R が大きいとき $r>\omega_0\left(\dfrac{R}{2L}>\dfrac{1}{\sqrt{LC}}\right)$

図 2-17　抵抗 R による共振の抑制

イッチを b 側に切り替えるとキャパシタ C に蓄積された電荷は放電され電流となって抵抗 R、インダクタ L に流れます。インダクタ L は電流が流れようとするとその動きに抵抗して、また電流が少なくなろうとすれば、その動きに抵抗して、キャパシタ C とインダクタ L との間で電流のやり取りが行われます。これらの回路は直列共振回路と呼ばれ、キャパシタ C に蓄積された電荷による電圧 $\dfrac{Q}{C}$ が抵抗 R とインダクタンス L を流れる電流 $\left(I=-\dfrac{dQ}{dt}\right.$、電荷が減

少すると電流が流れ出す）によって生じる電圧に等しいことから次のようになります。

$$L\frac{dI}{dt} + RI = \frac{Q}{C} \quad \cdots\cdots\cdots\cdots\cdots\cdots\cdots\cdots\cdots\cdots\cdots\cdots\cdots (2.18)$$

$$\left(I = -\frac{dQ}{dt}\right)$$

式(2.18)の両辺をさらに微分して電流について記述すると次のようになります（第10章10.3参照）。

$$\frac{dI^2}{dt^2} + 2\gamma\frac{dI}{dt} + \omega_0^2 I = 0 \quad \cdots\cdots\cdots\cdots\cdots\cdots\cdots\cdots\cdots\cdots (2.19)$$

$$\left(2\gamma = \frac{R}{L},\ \omega_0^2 = \frac{1}{LC}\right)$$

抵抗 R がないときには振動が減衰しないので、周波数 $\omega_0 = \frac{1}{\sqrt{LC}}$ で振動する波形となります。抵抗 R が小さく減衰定数 γ が ω_0 より小さいとき $\left(\frac{R}{2L} < \frac{1}{\sqrt{LC}}\right)$ は図2-17(b)のように cos カーブで周波数 $\omega_0 = \frac{1}{\sqrt{LC}}$ で振動しながら減衰する波形となります。さらに抵抗 R が大きく減衰定数 γ が ω_0 より大きいとき $\left(\frac{R}{2L} > \frac{1}{\sqrt{LC}}\right)$ は図2-17(c)のように振動しないで減衰する波形になります。

(2) 強制振動（外部から衝撃を与える）とダンピング

いま、共振回路に図2-18(a)のように外部から強制振動 $V = V_0 \cos\omega t$ を与えると、次式が成り立ちます。

$$L\frac{dI}{dt} + RI + \frac{1}{C}\int I dt = V_0 \cos\omega t \quad \cdots\cdots\cdots\cdots\cdots\cdots (2.20)$$

両辺を微分すると次の式が得られます。

$$L\frac{d^2I}{dt^2} + R\frac{dI}{dt} + \frac{1}{C}\cdot I = -V_0\omega\sin\omega t$$

$$\frac{d^2I}{dt^2} + 2\gamma\frac{dI}{dt} + \omega_0^2 I = -I_0\sin\omega t \quad \cdots\cdots\cdots\cdots\cdots\cdots (2.21)$$

2.9 振動する波の特徴とその抑制方法

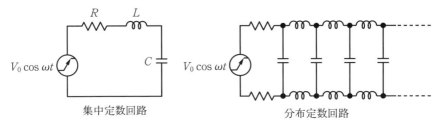

(a) 外部から強制振動を与える

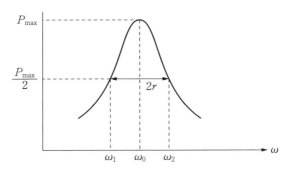

(b) 共振特性（エネルギーの吸収）

図2-18 外部振動によるエネルギーの吸収

$$\left(2\gamma = \frac{R}{L},\ \omega_0{}^2 = \frac{1}{LC},\ I_0 = \frac{V_0\omega}{L}\right)$$

式(2.21)の右辺を $I_0 e^{j\omega t}$ の虚数部分とすれば次のようになります。

$$\frac{d^2I}{dt^2} + 2\gamma\frac{dI}{dt} + \omega_0{}^2 I = -I_0 e^{j\omega t} \quad \cdots\cdots(2.22)$$

この方程式の一般解を $I = I_0 e^{j(\omega t - \alpha)}$ とおいて式(2.22)に代入して求めると次のようになります（第10章10.4参照）。

$$I_0 = \frac{\left(\dfrac{V_0}{L}\right)\omega}{\sqrt{(\omega_0{}^2 - \omega^2)^2 + (2\gamma\omega)^2}} \quad \cdots\cdots(2.23)$$

式(2.23)は $\omega = \omega_0$ で、

$$I_0 = \frac{\left(\dfrac{V_0}{L}\right)}{2\gamma} = \frac{V_0}{R}$$

となり、平均電力 W は、

$$W = \frac{1}{2} R I_0^2 = \frac{1}{2} \cdot \frac{V_0^2}{R}$$

電力が半分になるのは、周波数が $\omega = \omega_0$ のときに対して周波数の幅が 2γ のときです。このときの共振値 Q は次のようになります。

$$Q = \frac{電力ピークの周波数}{電力が半分になる周波数の幅}$$

なので、

$$Q = \frac{\omega_0}{2\gamma} = \frac{\omega_0 L}{R}$$

となります。これが**図 2-18(b)** に示した共振の大きさになります。したがって、共振をなくすためには抵抗 R（部品の抵抗の追加を含めて）を大きくします。この抵抗 R がダンピング抵抗と呼ばれているものです。

2.10
進行波と定在波の違い

(1) 進行波と定在波の波数 k の違い

図 2-19(a) には x 軸の正の方向に速度 v で進む波を $y_1 = A\cos(kx - \omega t)$ とすると、$y_1 = A\cos k\left(x - \dfrac{\omega}{k} t\right) = A\cos k(x - vt)$ となります。また $v = \dfrac{\omega}{k}$ なので右方向に進む速度 v を正とすれば、波数 k は正となり、左方向に進む速度 v を負とすれば、波数 k は負となります。同じ振幅で x 軸の負の方向に速度 v で進む波は $y_2 = A\cos(-kx - \omega t) = A\cos(kx + \omega t)$ と表すことができるので、波の重ね合わせの原理により合成した波の変位 $y = y_1 + y_2$ は次のようになります。

$$\begin{aligned} y &= A\cos(kx - \omega t) + A\cos(kx + \omega t) \\ &= 2A\cos kx \cdot \cos \omega t \end{aligned} \quad \cdots\cdots (2.24)$$

式 (2.24) から kx が 0、2π、4π で y は最大値 $2A$、kx が π、3π、5π で最小

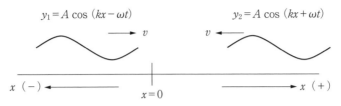

(a) x軸正負の方向に進む波

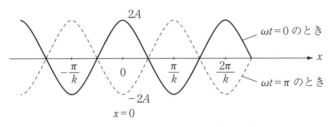

(b) y_1 と y_2 の重ね合わせ（定在波）

図 2-19　定在波の発生

値（$-2A$）をとり、kx が $\frac{\pi}{2}(2n-1)$（$n=1,2,3,\cdots\cdots$）で 0 となります。このように時間が変化しても位置によって位相が変化しない定在波が**図 2-19(b)**のように生じます。波が伝搬する距離 x が決まれば、波数 k は決まり、その値はとびとびの値となります。これに対して、x 軸の正の方向に進む波または負の方向に進む 1 つの波の波数 k は長さが決まっても位相が連続のために波数 k も連続となります。

(2) 進行波と定在波のエネルギー

進行波は $u=A\cos(kx-\omega t)$ と表すことができるので、そのエネルギーは振幅 A、周波数 ω より $\frac{1}{2}A^2\omega^2$ となり、定在波は $u=2A\cos kx\cdot\cos\omega t$ より、そのエネルギーは振幅が $2A$、周波数 ω より $\frac{1}{2}(2A)^2\omega^2=2A^2\omega^2$ となり、定在波のエネルギーは進行波の 4 倍大きくなることがわかります。定在波についてエネルギー保存の法則が成り立ち、次のようになります。

　　　　定在波のエネルギー＝大きなエネルギー（とびとびの波数 k の波）
　　　　　　　　　　　　　　＋消えていくエネルギー（それ以外の波数 k の波）

この大きなエネルギーが生じると EMC 性能に大きく影響（ノイズ放射、回

路の誤動作、回路部品への障害、外部からのノイズエネルギーの吸収など）します。

(3) 波源と波の進行（拡がり）

図 2-20 は伝送路や PCB、アンテナなどの波源からの波の拡がりを 1 次元、

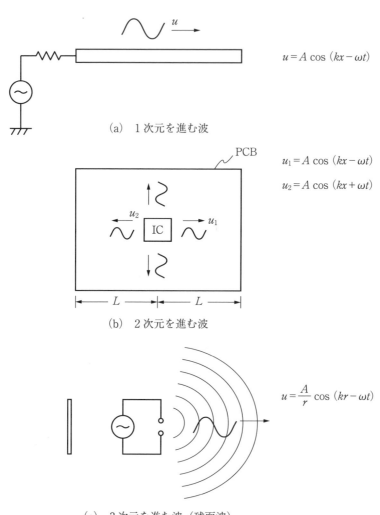

(a) 1 次元を進む波

$u = A \cos (kx - \omega t)$

$u_1 = A \cos (kx - \omega t)$

$u_2 = A \cos (kx + \omega t)$

(b) 2 次元を進む波

$u = \dfrac{A}{r} \cos (kr - \omega t)$

(c) 3 次元を進む波（球面波）

図 2-20　波源と波の進行

2.10 進行波と定在波の違い

2次元、3次元の方向としてその特徴を示したものです。図2-20（a）では信号源から伝送路をx軸方向に進む波uを振幅A、周波数ωとすれば、x軸上の位置xにおける波は$u = A\cos(kx - \omega t)$と表すことができます。これは進行波で伝送路と負荷の状況によって反射波が生じ、進行波と合成されて定在波が発生します。次にプリント基板PCBの中央にIC（波源）があり、その波が水平方向xと垂直方向yの2方向に進みます。いま、x軸方向左右に伝搬する波は$u_1 = A\cos(kx - \omega t)$と$u_2 = A\cos(kx + \omega t)$とそれぞれ表すことができます。波源からプリント基板の端までの距離をLとしているので、波がPCBの端に到達すると端は通常インピーダンスが大きくオープンとなっているので波は反射して、PCBの中央からの進行波との間で重なり合い定在波が生じます。次に波源（モノポールアンテナやループアンテナなど）からの電磁波は球面状に放射されるので、その方向を球面の中心から半径方向の距離rとすれば遠方においては$u = \dfrac{A}{r}\cos(kr - \omega t)$と表すことができます。距離に比例して減衰する波となりアンテナから放射される波と同じになります。

第3章

波源、波の伝搬、波の受信の考え方

　信号源（起電力）及び負荷までのループは波源となるためそのエネルギーを最小にする、伝搬経路（ループ経路）は信号（波）の漏れを最小にするために波のエネルギーを最大に閉じ込める、負荷は信号を受け入れるために最大のエネルギーで受信する。一般にノイズが波源になるときにはそのエネルギーを小さくする、波の伝搬経路はインピーダンスを大きくして伝搬しにくくする、波を閉じ込めて外部に漏れないようにする、波を受信するところでは、受けるエネルギーを最小にする、波を受けにくくするなど、波に対する考え方に違いがあります。こうした方法を実践できれば、EMC性能は最大となります。

3.1
波源のエネルギーは何によって決まるか

　図3-1(a)の回路に電圧5Vが加わり、電流が100mA流れると電力P_iは0.5W（ワット）となり、この電流を100秒間流すと、回路に投入されたエネルギーは$U_i=50$[J：ジュール]になります。熱量（カロリー）とエネルギーの変換は1cal≒4.2Jなのでこのエネルギーは約12[cal]に相当します。いま、回路にΔtの時間にVだけ変化する電圧を印加すると電荷Qに対する仕事は$U=Q \cdot V$[J]となるので、入力された電力Pは$P=\dfrac{U}{\Delta t}=Q \cdot \dfrac{V}{\Delta t}$、このことから回路に入力される電力は電圧の立上りの変化$\dfrac{dV}{dt}$によって決まります。ノイズ対策では波源のエネルギーを小さくすることです。そのためには信号電圧の変化（立上り、立下り）をゆっくりにして$\dfrac{dV}{dt}$を小さくします。これによって信号電流の変化や電源電流の変化$\dfrac{dI}{dt}$も小さくなります。この電圧変化

第3章 波源、波の伝搬、波の受信の考え方

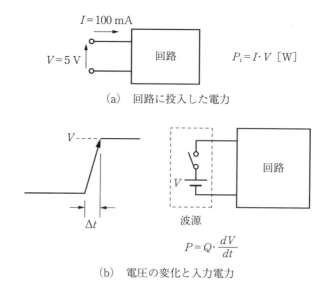

(a) 回路に投入した電力

(b) 電圧の変化と入力電力

図 3-1　波源のエネルギー（回路に投入されたエネルギー）

$\dfrac{dV}{dt}$ を正弦波状に変化するとすれば、演算子 $\dfrac{d}{dt}$ を $j\omega = j2\pi f$ とおくことができるので $\dfrac{dV}{dt}$ は $j2\pi f \cdot V$ となり、周波数 f のときの電圧 V と考えることができエネルギーは V^2 と f^2 に比例するので、周波数 f を低くする（低い周波数 f を用いる、または高い周波数成分を低減やカットする）、電圧 V の大きさを小さくする方法がノイズ対策となります。

3.2
R、L、C の波形に対する作用とそのエネルギー

図 3-2(a)に示す1本の配線は単位長さ当たりの抵抗 R、及び単位長さ当たりのインダクタンス L の集合として表すことができます。一方、2本の配線は配線間に生じる単位長さ当たりのキャパシタンス C の集合で表すことができます。このように配線構造は抵抗 R、インダクタンス L、キャパシタンス C の基本素子（分布定数）から成ります。EMC ではクロックや電流の変化しているところがノイズの放射やノイズの影響を与えるので正弦波による回路動作ではなく、変化している波形に対して抵抗 R、インダクタンス L、キャパシタ

3.2 R、L、C の波形に対する作用とそのエネルギー

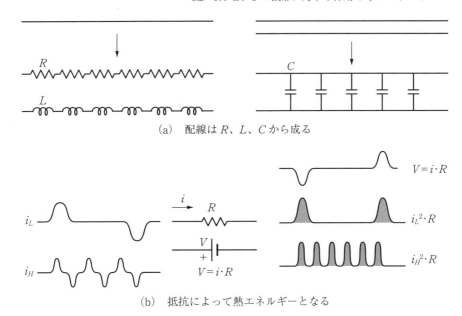

(a) 配線は R、L、C から成る

(b) 抵抗によって熱エネルギーとなる

図 3-2 R、L、C の波形とエネルギーの波形

ンス C の作用について考えることが重要となります。

(1) 抵抗に生じるエネルギーの波形

抵抗 R に図 3-2(b)のような波形の電流 i が流れると、$V=iR$ の抵抗する力 V が生じて、熱エネルギーとなります（斜線部）。EMC では抵抗を積極的に使い電気エネルギーを熱エネルギーに変えてしまうことによって効果を上げることができます。これは放射エネルギーの低減、イミュニティ性能の向上（ノイズによる誤動作等の低減）となります。

(2) インダクタンスに生じるエネルギーの波形

インダクタンス L にも抵抗と同じような波形の電流が流れると図 3-2(c)に示すような抵抗する力 V（逆起電力 V）が発生します。この逆起電力は電流の流れを妨げる力なので、伝搬経路に挿入するとノイズ電流を低減することができます。一方、信号回路や電源回路などは意図した機能のための電流（ノーマルモード電流）がループをリターンする電流を妨げるので、リターンできない成分はコモンモードノイズ電流となって他の回路に流れ出します。そのため、

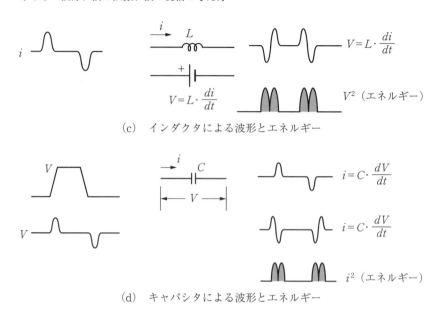

(c) インダクタによる波形とエネルギー

(d) キャパシタによる波形とエネルギー

図3-2 R、L、Cの波形とエネルギーの波形（つづき）

信号回路や電源回路のノーマルモード電流のバランスが崩れ、コモンモードノイズ成分が生じて回路からノイズ放射がされます。こうなるとコモンモードノイズ放射が大きくなります。さらにコモンモードノイズ電流の受信によるイミュニティ性能も低下していきます。インダクタンスに生じる逆起電力 $V = L\dfrac{di}{dt}$ の波形をみると電流波形をさらに微分したもので電流波形が振動した波形となります。そのためより大きな力となることが考えられます。エネルギーは振幅の2乗に比例するので、図3-2(c)のように斜線部となります。

(3) キャパシタンスに生じるエネルギーの波形

次に図3-2(d)のようにキャパシタ C の両端に変化する2種類の電圧波形 V が印加されるとキャパシタ C には電圧変化 $\dfrac{dV}{dt}$ を吸収する電流 $i = C\dfrac{dV}{dt}$（変位電流）が流れます。そのエネルギーは電流振幅 i^2 に比例するので図のような斜線部分になります。

このようにエネルギーの大きさは波形（立上りや立下り）の形状によって大きく変化することがわかります。したがって、EMCでは波形の形が極めて重

要であることがわかります。

3.3 回路構造によって入力されるエネルギーの大きさは違う

図 3-3 は小さなループの回路と大きなループの回路の入力エネルギーの違いを示すためのものです。**図 3-3(a)** のように単位長さ当たりのインダクタンスとキャパシタンスの組合せが 2 個（番号 1、2）の小さなループと、**図 3-3(b)** には同じ値のインダクタンスとキャパシタンスの組合せが 6 個（番号 1〜6）の大きなループを示しています。信号電圧 V が立ち上がるとインダクタンスの逆起電力に逆らって電流が流れ、磁界のエネルギーがインダクタンスの周辺空間に蓄積される、次に配線間にあるキャパシタンスを充電しなければならない。このエネルギーはキャパシタンスに電界のエネルギーとなって蓄積されます。こうして負荷 Z_L に必要な電力（電圧 V_Z）を供給していくことになります。当然ながら、単位長さ当たりのインダクタンスとキャパシタンスが多いほど信号源 V は大きなエネルギーを必要とします。また投入エネルギーが多くなるほど、同じ構造（インダクタンスとキャパシタンスで決まる）なら漏れるエネ

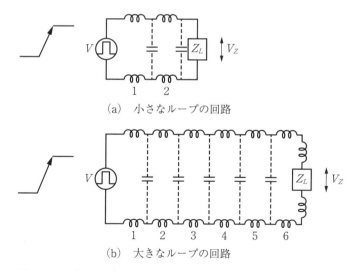

(a) 小さなループの回路

(b) 大きなループの回路

図 3-3　回路ループが大きくなると入力エネルギーは大きくなる

ルギーの量は多くなることが考えられます。回路的に考えると負荷 Z_L に供給する電圧 V_Z を一定とすれば、インダクタンスで低下した分だけ多くの入力電圧 V を必要とすることになり、入力電圧 V は大きく、入力電流は多くなります。そのためインダクタンス L とキャパシタンス C に蓄積されるエネルギーは大きくなります（このエネルギーの空間への漏れがノイズとなります）。回路構造が同じであればループが小さい回路のほうが入力電力（エネルギー）は少なく、放射されるノイズは少なくなります。回路ループが長い場合（伝送線路、ケーブルなど）は電磁エネルギーを回路内部に閉じ込めて外部に漏れないような構造にしなければならない。一方、外部からのノイズの影響については回路ループが大きいほど、回路ループに侵入する電力（電磁波の電力 $P = E \cdot H$ [W/m^2]）は大きくなるのでイミュニティ性能が悪くなります。

3.4
回路ループが波源の大きさを決める

図3-4(a)の回路ループに台形波の電流 I が流れると、磁力線 H が発生し、ファラデーの電磁誘導の法則 $\left(-\mu \dfrac{\partial H}{\partial t} = \mathrm{rot}\, E、\text{マイナスは左回転}\right)$ によって電界 E が生じます（第5章5.5）。このループの放射源から距離 r だけ離れた $\left(r > \dfrac{\lambda}{6}\right)$ ところにおける電界強度 E は次のように表すことができます。

$$E = \frac{120\pi^2}{r} \cdot I \cdot \left(\frac{S}{\lambda^2}\right) \quad \cdots\cdots\cdots\cdots\cdots\cdots\cdots\cdots\cdots\cdots\cdots\cdots\cdots\cdots (3.1)$$

$$= 1.316 \times 10^{-14} \cdot \frac{f^2 \cdot I \cdot S}{r}$$

I：回路ループに流れる周波数 f の信号電流、S：回路ループの面積、λ：回路ループに流れる信号電流の波長、v：電磁波の速度（$v = f \cdot \lambda$）。

式(3.1)から電界強度 E は回路ループに流す電流 I、波長 λ^2 に対する回路ループの面積によって決まります。いま、図3-4(b)のように回路ループの寸法を横の長さ a、縦の長さ b とすれば $S = a \cdot b$ となります。ループ構造から放射される電磁波を低減するためには、

● 回路ループに流れる電流 I を少なくする（フィルタにより高調波成分を低減

3.5 コモンモードノイズ源が波源

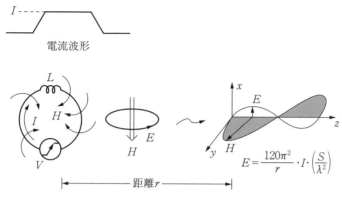

(a) 波源と遠方における電磁波の形

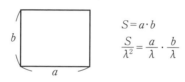

(b) 回路ループの寸法

図3-4　回路ループの波源

する)
- 回路面積Sを小さくする。

このことは信号の波長に対して$\frac{S}{\lambda^2}=\frac{a}{\lambda}\cdot\frac{b}{\lambda}$と変形すると、面積$S$を小さくすることは波長に対してそれぞれの寸法を小さくすることになります$\left(\frac{a}{\lambda}=\frac{1}{10}、\frac{b}{\lambda}=\frac{1}{10}\right.$とすれば$\left.\frac{S}{\lambda^2}=\frac{1}{100}となる\right)$。このように電界強度は式(3.1)から信号源$\frac{dV}{dt}$によって流れる電流$I$とループの面積$\frac{S}{\lambda^2}$の積によって決まることになります。

3.5
コモンモードノイズ源が波源

図3-5(a)は信号波形Vと波源の大きさを決める$\frac{dV}{dt}$(変位電流波形)を示しています。いま、図3-5(b)のように長さℓの導線に起電力V_n(コモンモー

第3章 波源、波の伝搬、波の受信の考え方

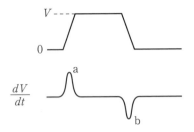

(a) 波源のエネルギーの大きさを決める $\dfrac{dV}{dt}$

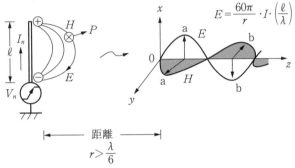

(b) 波源と遠方における電磁波の形

図3-5 コモンモードノイズ源が波源

ドノイズ源）が生じると導線には電流 I_n が流れ、導線の先端部分には＋の電荷が、V_n の近くにはプラスが抜けマイナスの電荷が多くなり、電界 E が図のように生じます。磁界 H は電流に対して右ネジ方向となるので、電磁波 P は導線から外側に向かう力となり、電磁波が放射されます。この導線から距離 r だけ離れたところ（平面波領域）における電界 E の大きさは次のようになります。

$$E = \frac{60\pi}{r} \cdot I_n \cdot \left(\frac{\ell}{\lambda}\right) \quad\cdots\cdots\cdots\cdots\cdots\cdots\cdots\cdots\cdots\cdots\cdots\cdots (3.2)$$

$$= 6.28 \times 10^{-7} \cdot \frac{I_n \cdot \ell \cdot f}{r}$$

I_n：配線に流れるノイズ電流、ℓ：配線の長さ、λ：配線に流れるノイズ電流の

波長。

式(3.2)からコモンモードノイズ源から放射される電磁波の電界成分の大きさは配線に流れるノイズ電流 I_n、ノイズ電流の波長 λ に対する配線長 ℓ によって決まるため、放射されるノイズを低減するためには、

- 起電力 V_n を小さくする（この V_n は回路ループ構造（$L_s - M$）によって決まる逆起電力（後述）なので特定することが必要）
- フィルタにより配線を流れるコモンモードノイズ電流を低減する（キャパシタでバイパスする、コモンモードフィルタによってインピーダンスを大きくする）
- 配線の長さ ℓ を短くする（波長 λ に対して $\frac{\ell}{\lambda} = \frac{1}{10}$ とすれば、電界 E は $\frac{1}{10}$（$-20\,\mathrm{dB}$）となります）。

3.6 波源のエネルギーを最小にする方法

(1) 高周波信号が流れるループを小さくする

波源には電圧波形 $\frac{dV}{dt}$、ループアンテナとなる回路ループ構造、回路ループ構造から生じる逆起電力が考えられます。これら波源は波を発生するところなので、波源へのノイズ対策は波のエネルギーを小さくします。波源への対策として一般的によく使われる方法として、図3-6(a)ではICに必要な電流をキャパシタ C から供給して電流が流れるループを小さくしています。このときの波源はキャパシタ C から電流が流れるループ構造になるので最も短くすることが必要となります。図3-6(b)は抵抗 R とキャパシタンス C を使う方法です。この方法によると波源ICから出力された波はキャパシタ C によってバイパスされ小さなループとなり、それ以外の信号成分は抵抗によって熱エネルギーとして消費され次の回路に伝搬されます。図3-6(c)に示す方法はLPF（ローパスフィルタ）によって高周波成分はLPF内で熱エネルギーに変換されたり、IC側に戻されたり、ストレーキャパシタ C_S によってバイパスされ小さなループとなります。これらは高周波に対して回路ループ構造を小さくしていることになります。

第3章　波源、波の伝搬、波の受信の考え方

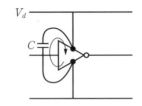

(a)　キャパシタ C から IC の電流を供給

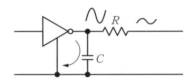

(b)　C によりバイパス、R により熱エネルギー

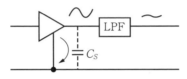

(c)　LPF によって C_S にバイパスさせる

図3-6　波を小さなループにバイパスさせる（波源のエネルギー最小化）

(2) 電流を逆方向に流す

　図3-7のように回路ループに電流を逆方向に流して波源のエネルギーを低減する方法です。**図3-7(a)** はそれぞれの回路ループに電流 I をそれぞれ逆方向に流すことによってアンペールの法則（$J=\mathrm{rot}\,H$、J は電流密度）によって磁界 H が逆方向に発生します。**図3-7(b)** のようにファラデーの電磁誘導の法則によって電界 E が発生して $\left(-\mu \cdot \dfrac{\partial H}{\partial t}=\mathrm{rot}\,E\right)$ キャンセルされる成分が多くなり放射されるノイズが少なくなります。この場合、それぞれのループの距離が近いほど、キャンセルされる成分は多くなります。回路ループに流れる電流の向きを逆にしたいくつかの例を示すと、**図3-8(a)** は信号電流 I のリターン経路を信号配線の両側に置き（ガード電極）左右のリターン電流の向きを逆にしたものです。それなりの放射ノイズ低減効果があり、また伝導するノイズに対しても、空間を伝搬する電磁波の侵入においても低減効果があります。次に

3.6 波源のエネルギーを最小にする方法

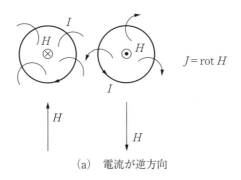

(a) 電流が逆方向

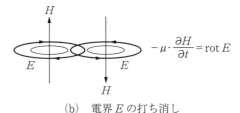

(b) 電界 E の打ち消し

図 3-7 電流を逆方向に流して波源のエネルギーを小さくする

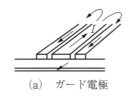

(a) ガード電極

(b) ケーブルなどの配線

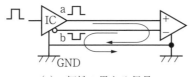

(c) 極性の異なる信号

図 3-8 信号ループの極性を逆にして波源のエネルギーを低減

図 3-8(b) にはケーブルの配線において信号配線の両側に GND のリターンを両側に置いたもので基本的には図 3-8(a) と同じガード電極の構造となります。

図 3-8(c) は信号 a と逆極性の信号 b を 2 本の配線に同時に送り、その差を受信する方式（平衡伝送方式）です。この方式では信号 a と信号 b はそれぞれ GND を流れるが、逆方向に流れるためにキャンセルされて放射されるノイズが低減されます。キャンセルされるためには、信号 a と信号 b は大きさ、位相（特にパルスの立上り、立下り特性）が一致することや、送信側 IC の出力インピーダンスがそれぞれ等しいこと、伝送線路の特性インピーダンスがそれぞれ等しいこと、差動信号を受信する IC の＋端子、－端子のインピーダンスが等しいことが必要です。これらの条件は信号の周波数（クロックであるので高調波）が高くなるほどずれてきます。また、外部からの放射ノイズや伝導するノイズ電流に対しても強くなります。

3.7
波を伝える伝搬経路の構造

信号波形が**図 3-9(a)** のように電圧 V まで立ち上がるのに要する区間を 1 から 4 までとして、信号の波（電界波と磁界波）がインダクタンス L とキャパシタンス C の伝送路を伝わるメカニズムを示したのが**図 3-9(b)** です。起電力 V（電源）に接続されたスイッチが入ると配線間には直ちに電界 E が生じて変位電流 $J = \varepsilon \cdot \dfrac{dE}{dt}$ $\left(i = C \cdot \dfrac{dV}{dt} \right)$ が流れ、キャパシタンス C を充電します。次に電界波 E は区間 1 のキャパシタ C を充電するために変位電流 $J_1 = \varepsilon \cdot \dfrac{dE_1}{dt}$ が流れ、インダクタンス L にも同じ電流が伝導電流となって流れます。このインダクタンス L に流れる電流は逆起電力 $V = L \cdot \dfrac{di_1}{dt}$ に逆らって流れインダクタンス L に磁界エネルギーを蓄積していきます。次の区間 2 も同様にしてキャパシタンス C を充電流する電流と等しい伝導電流がインダクタンス L を流れていきます。このようにして順次それぞれの区間のインダクタンス L による逆起電力に逆らって変位電流はキャパシタンス C を充電しながら伝送路の構造（実効的な誘電率 ε_k）で決まる速度 $\dfrac{c}{\sqrt{\varepsilon_k}}$（$c$ は 3.0×10^8[m/s]）で進みます。これが伝送路に閉じ込められた電磁波（電界波と磁界波）の進み方で、

3.7 波を伝える伝搬経路の構造

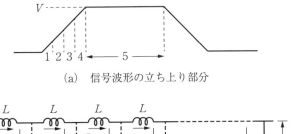

(a) 信号波形の立ち上がり部分

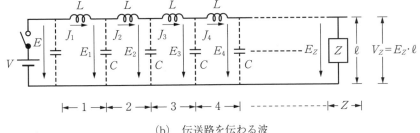

(b) 伝送路を伝わる波

図 3-9 伝送路を伝わる波と負荷に生じる電圧

オシロスコープで観測する信号の波が伝搬する速度となります。このインダクタンス L とキャパシタンス C で構成された伝送路の特性インピーダンスは $Z_0 = \sqrt{\dfrac{L}{C}}$ なので、信号の波（電磁波）は特性インピーダンスを確認しながら進むことになります。特性インピーダンスが異なるところでは信号の波は反射することになります。負荷に到達した電界波 E_Z は負荷の長さを ℓ とすれば、$V_Z = E_Z \cdot \ell$ [V] の電圧を発生することになります。この負荷電圧 V_Z に対応した電流が負荷電流として流れます（負荷に余計な長さが生じると波形が乱れます、これはインダクタンスによる影響です）。**図 3-10(a)** は信号を伝える伝搬経路であるマイクロストリップラインとストリップラインを、**図 3-10(b)** はケーブルの構造を示しています。このように波を伝える伝搬経路にはさまざまな構造があります。ノイズ対策では空間への電磁波の漏れを最小にする構造の伝搬経路を考えることになります。**図 3-10(c)** は PCB で発生したコモンモードノイズ電圧による波源 V_{nc} が PCB と筐体間に発生して電磁波 $P_N(E_n \times H_n)$ となって伝搬する様子を示しています。**図 3-10(d)** の筐体内の波源 P_n から電磁波は 3 次元の空間に伝搬します。伝搬経路は電磁波のエネルギーを閉じ込めて

第3章 波源、波の伝搬、波の受信の考え方

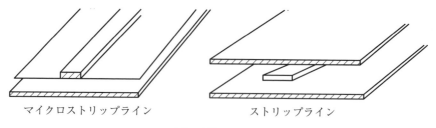

(a) 配線パターン

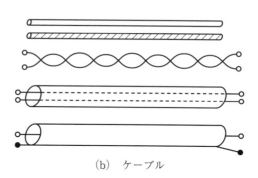

(b) ケーブル

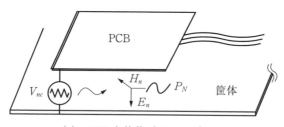

(c) PCBと筐体（フレーム）

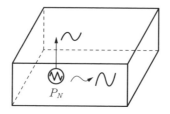

(d) 筐体内を伝搬

図 3-10 伝搬経路の構造

広がらないようにすることが必要です。

3.8 伝搬経路から波のエネルギーの漏れを最小にする

(1) 電磁波の閉じ込め性能を上げるには特性インピーダンスを小さくすること

　信号が流れる信号回路、電源電流が流れる電源回路、コモンモードノイズ電流が流れる伝搬経路はすべてインダクタンス L とキャパシタンス C によって構成される図3-9(b)で示した伝送路となります。ノイズ対策で優先して考えるべきことは、

①伝送路に電界波と磁界波の電力（エネルギー）を閉じ込める。

②伝送路にフィルタを挿入して、電界波と磁界波をそらす。インピーダンスを高めて伝送しにくくする。

③伝送路から電界波と磁界波が外部に漏れないように囲む（シールドなど）。

　伝送路に電磁波のエネルギーを閉じ込めるための条件は図3-9(b)からループインダクタンス L を小さくしてインダクタンス周辺に漏れる磁界波 H の電力（エネルギー）を少なくすることです（磁界波の電力密度 $P_H = \frac{1}{2}\mu H^2$ [W/m²] を高める）。伝送路間（配線間）のループキャパシタンス C を大きくして電界波の電力（エネルギー）を伝送路間に閉じ込め、伝送路以外に漏れないようにすることです（電界波の電力密度 $P_E = \frac{1}{2}\varepsilon E^2$ [W/m²] を高める）。また、第1章で述べたように平行・平板回路を伝送する電磁波には $C = \varepsilon \cdot \frac{w}{h}$、$L = \mu \cdot \frac{h}{w}$ の関係からキャパシタンス C を大きくすれば、インダクタンス L は小さくなります。このことは特性インピーダンス $Z_0 = \sqrt{\frac{L}{C}}$ を小さくすることになります。図3-9(b)の一般の信号伝送路について言えば、両面基板（図3-10(a)のマイクロストリップライン）より多層基板（図3-10(a)のストリップライン）の方が自然と特性インピーダンスが小さくなるので、放射ノイズは少なく、イミュニティ特性もよくなります。

(2) 他の経路との電界結合と磁界結合

図3-11には伝送路が周辺の回路とどのような電気的結合が考えられるか示したものです。**図3-11(b)**は信号電流Iがループで流れる配線1の自己インダクタンスL_1と配線2の自己インダクタンスL_2、配線間に存在する内部の相互インダクタンスMの他に、配線1が外部の回路との間に電磁的に結合する相互インダクタンスM_1 $\left(\text{漏れるエネルギーは}\frac{1}{2}M_1\cdot I^2\right)$、この漏れた磁界エネル

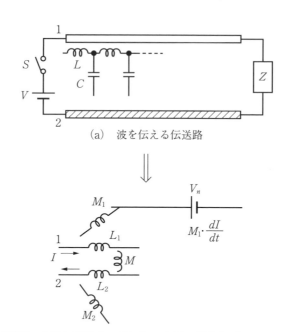

(a) 波を伝える伝送路

(b) 配線1、2間の相互インダクタンスMの最大化（M_1、M_2の最小）

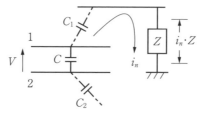

(c) 配線1、2間の相互キャパシタンスCの最大化（C_1、C_2の最小）

図3-11　伝送路から漏れによって発生するノイズ電圧

ギーによって外部回路に $V_n = M_1 \cdot \dfrac{dI}{dt}$ のノイズ電圧が生じます。配線2が外部回路との間にもつ相互インダクタンス M_2 $\left(\text{漏れるエネルギーは} \dfrac{1}{2}M_2 \cdot I^2\right)$、これら外部回路と結合する相互インダクタンス M_1 と M_2 を小さくするためには、配線1と配線2との間の相互インダクタンス M（内部）を最大にしなければならない。このことは配線1と配線2のループインダクタンスを最小にすることである、ループインダクタンス L_P は $L_P = (L_1 - M) + (L_2 - M)$ となるので自己インダクタンスを最小にするとともに配線間の相互インダクタンス M を最大にしなければならない。自己インダクタンスは長さ、太さ（幅）に関係し、短いほど、太い（幅広い）ほど小さくなります。相互インダクタンスは配線間の距離が近いほど電磁的な結合が大きくなります（第10章10.1参照）。次に**図3-11(c)** はインダクタンスと同様に配線1と配線2との電界結合を示すキャパシタンス C、配線1及び配線2と他の回路との間の電界結合を示すキャパシタンス C_1 及び C_2 $\left(\text{外部に漏れるエネルギーは} \dfrac{1}{2}C_1 \cdot V^2 \text{と} \dfrac{1}{2}C_2 \cdot V^2\right)$ が生じます。この漏れた電界のエネルギーによって外部回路の負荷 Z にはノイズ電流 $i_n = C_1 \cdot \dfrac{dV}{dt}$ が流れ、ノイズ電圧 $V_n = i_n \cdot Z$ を生じます。

　信号伝送路間の電界結合を強くしてキャパシタンス C を最大にするとそれぞれの配線と外部回路との間に生じる電界結合を最小にすることができます。このように伝送路と外部回路との間には磁界結合 M_1 及び M_2 と電界結合 C_1 及び C_2 が存在します。放射ノイズを最小にする、イミュニティ特性をよくするためにはノーマルモード電流が流れる配線1と配線2との間の磁界結合 M と電界結合 C が最大になる構造にしなければならない。

3.9 ノイズ波の受信エネルギーを最小にするためには

　波源からのノイズには空間を伝搬する経路と導線（配線）を伝搬する経路の2つに分けられます。いま、**図3-12(a)** のように電磁波のノイズ電力は $P = E \times H$ で、その大きさは $|P| = |E| \cdot |H|$ [W/m²] と単位面積当たりの電力となります。ノイズに敏感な回路がノイズの影響を最小限にするためには、回路のループ面積を小さくして負荷 Z が受信するノイズ電力を最小にする必要があ

第3章　波源、波の伝搬、波の受信の考え方

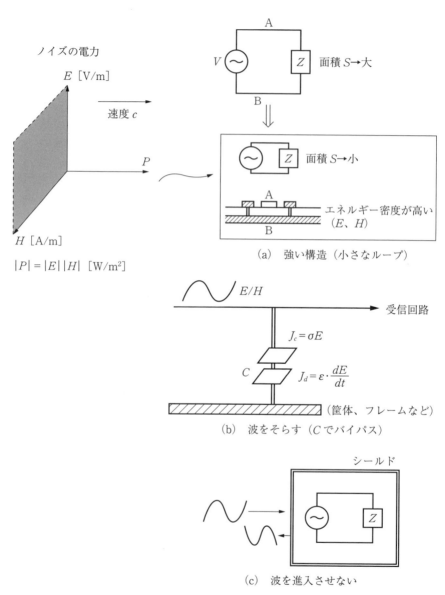

図3-12　波の受信エネルギーを最小にする

ります。このことは電界波 E に対しては長さを短くすることによって受信効率を小さくでき、磁界波 H についてはファラデーの電磁誘導の法則 $\left(-\mu \dfrac{\partial H}{\partial t} = \mathrm{rot}\, E\right)$ によって電界 E が回転して生じるため、配線ループ長を最小にすることによって受信効率を最小にすることができます。面積を小さくしてノイズに強い構造にするには受信する回路の電界 E と磁界 H のエネルギー密度を高める必要があります（図3-12(a)）。そのためには受信回路のループにおけるキャパシタンス C を最大にする、その方法には同軸構造に近いようにすることが考えられます。次にノイズ波を図3-12(b)のように「そらす（バイパス）」方法があります。これはコモンモードノイズが受信回路に到達する前にキャパシタンス C によって筐体やフレームなどにバイパスして低減する方法です。次に図3-12(c)のようにノイズを侵入させない方法として受信部分を金属板や電波吸収体でシールドする方法です。ノイズ対策の優先順位としては回路構造による漏れの最小化、次に部品の使用によるノイズ低減、最後にシールドという順序が適切と考えられます。

3.10 エネルギー保存則からノイズを最小化する

(1) EMI（エミッション）

信号回路において波源から信号が伝搬する伝搬路、信号の波を受信する受信部の構成を図3-13(a)に示す。波源は電源 V とスイッチ S からなり、伝搬路に電力 P_{in} が投入され、抵抗 R で熱エネルギー P_h として消費され、負荷 Z の受信部には投入電力が電界 E_z と磁界 H_z の電磁波 $P_z(E_z \times H_z)$ となって運ばれ、負荷で受信されます。しかしながら、波源の部分と伝搬路から外部空間に漏れた電力 P_N がノイズ電力となります。したがって、これら投入電力、熱として消費される電力、負荷の受信部に伝搬される電力、回路外に漏れる電力との間には次の関係が成り立ちます。

$$P_{in} = P_h + P_z + P_N$$

P_N についてまとめると次のようになります。

$$P_N = P_{in} - P_h - P_z \quad \cdots\cdots\cdots\cdots\cdots\cdots\cdots\cdots\cdots\cdots\cdots\cdots\cdots (3.3)$$

第3章　波源、波の伝搬、波の受信の考え方

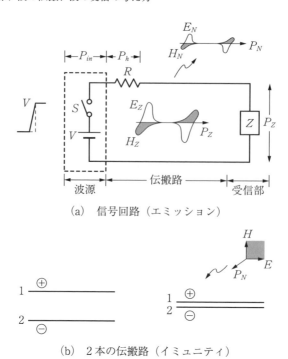

(a) 信号回路（エミッション）

(b) 2本の伝搬路（イミュニティ）

図3-13　エネルギー保存の法則（エミッションとイミュニティ）

式(3.3)からノイズ電力 P_N を最小にするためには P_{in} 最小、P_h 最大、P_z 最大にする。そのためには、

① 入力電力 $P_{in} = \dfrac{dW}{dt} = Q \cdot \dfrac{dV}{dt}$、入力電圧の変化 $\dfrac{dV}{dt}$ は電荷 Q へ作用（電荷 Q を動かしてエネルギー $Q \cdot V$ [J]）となり、その積が入力電力となって電子回路の配線構造の空間（内部と外部）に投入される。電荷 Q に加える力の速さ $\dfrac{dV}{dt}$ が大きいほど入力電力 P_{in} は大きくなる。投入電力 P_{in} を最小にするためには、スイッチ（IC のスイッチング）による立上り時間や立下り時間を長くする、LPF や抵抗によって高周波成分を低減して $\dfrac{dV}{dt}$ を小さくする。

② P_h を最大にする。そのためには信号回路に抵抗や LPF（ローパスフィルタ）を挿入して熱エネルギーを大きくする。LPF は高周波成分のみ伝搬しないようにしている。

③ P_z を最大にする。このことは電界 E と磁界 H を伝搬路に密度を高くして閉じ込めて負荷まで伝搬することである。そのために伝搬路は電磁波を効率よく閉じ込める構造にしないといけない。同軸ケーブルなどは信号線を GND で漏れなく囲んだ理想的な構造である。EMI（エミッション）を最小にするためには、投入エネルギーである $\dfrac{dV}{dt}$ の最小化、外部に漏れないようにするための構造はこれまで述べた図 3-11 のような方法がある。

(2) EMS（イミュニティ）

EMI と EMS については双対性があるが、EMI の性能は信号の形と信号を伝搬する構造によって決まるが、イミュニティにおいて信号波形 $\dfrac{dV}{dt}$ が大きいと IC の立上り時間が速いことになり、外部からノイズがゆっくりと変化してもその変化を感度よくとらえて立ち上がりの速いノイズを生み出してしまう。これに対して立上り時間が遅い IC は変化が速いノイズには反応ができないためノイズが出力されることはない。次に信号伝搬路が**図 3-13(b)** のように配線 1 と配線 2 の距離が離れていると外部からノイズ電力 $P_N = E \times H [\text{W/m}^2]$ を多く受信してしまい、接近している場合は少なくなります。例えば、PCB や電子機器にスリットがあるとスリットから電磁波が漏れやすくなるとともに、スリットから電磁波が侵入しやすくなります。したがって、2 本の配線 1 と配線 2 は接近させ、さらに同軸構造（シールドも含めて）のようにするとよくなります。

第4章

定在波(ノイズエネルギーの最大)の発生とインピーダンスマッチング

　インピーダンスマッチングはなぜ必要か、例えば、伝送すべき信号がインピーダンスが異なる境界で反射をすることによって波形(電圧、電流)が変形する。電力を伝送する場合に電力が反射することにより、送信すべき電力が少なくなる(同時に反射した電力はシステム内で熱のエネルギーとなりシステムに悪影響を及ぼす)。この波形の変形によってそのシステムが意図した目的から外れてしまう。例えば、システムが誤動作する、過大な信号が加わり部品の寿命が短くなる、部品が壊れる、波形が変化することにより処理したものが不適合となる、アンテナから放射される電力が少なく受信地での受信電力が少ないなどが起こり得る。このようにインピーダンスがマッチングしていないと多くの不都合な現象が発生します。この章では EMC に関して信号の反射が起こると波形が劣化する、伝送路がアンテナとなり放射されるノイズが多くなること(アンテナは電磁波の放射効率がよいと同時に受信効率もよくなる双対性をもつ)、このことは伝送路内で共振現象が起こっていることである。これら多くの悪影響があるためにインピーダンスマッチング技術は重要となります。

4.1
波の反射と反射係数

　波は同一の媒質(電気信号では波を伝送する構造によって決まる特性インピーダンスに相当)を進行して異なる媒質に入るときに一部は反射する。そのため透過する波が少なくなる。身近なものには海岸のテトラポットや防波堤に波があたり砕けて反射する、打ち寄せた波によっては大きくなることもある(飲み込まれないように注意が必要)。いま、電気信号の波が伝搬する導体(伝送

第 4 章　定在波（ノイズエネルギーの最大）の発生とインピーダンスマッチング

路）には長さ方向にインダクタンス L があり、リターンである GND との間にはキャパシタンス C が存在する構造 $\left(特性インピーダンス Z_0 = \sqrt{\dfrac{L}{C}}\,[\Omega]\right)$ となっている。**図 4-1(a)** に示す特性インピーダンス Z_0 の伝送路を進む電圧波が異なるインピーダンス Z_L に入射するとその接続点で反射します。入射電圧波 V_i に対して反射電圧波 V_r の割合、つまり反射係数 ρ_V は次のように表すことができます。

$$\rho_V = \frac{V_r}{V_i} = \frac{Z_L - Z_0}{Z_L + Z_0} \quad \cdots\cdots\cdots\cdots\cdots\cdots\cdots\cdots\cdots\cdots\cdots\cdots (4.1)$$

接続点では入射電圧波 V_i と反射電圧波 V_r の和は透過電圧波 V_t に等しいの

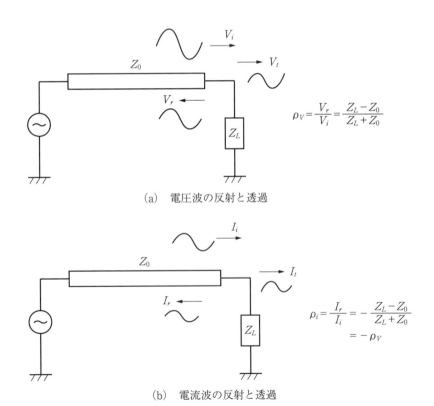

(a)　電圧波の反射と透過

(b)　電流波の反射と透過

図 4-1　電圧波と電流波の反射と透過

で $V_i+V_r=V_t$ が成り立ち、両辺を V_i で割って $1+\dfrac{V_r}{V_i}=\dfrac{V_t}{V_i}$ となります。したがって、入射電圧波 V_i に対する透過電圧波 V_t は次のようになります。

$$\frac{V_t}{V_i}=1+\rho_V=\frac{2Z_L}{Z_L+Z_0} \quad\cdots\cdots\cdots\cdots\cdots\cdots\cdots\cdots (4.2)$$

次に図 4-1(b) のように電流波に対しては入射電流波 I_i に対して反射電流波 I_r の割合、つまり電流波の反射係数 ρ_i は電圧波の反射係数に対して $\rho_I=-\rho_V$ と逆符号（位相が 180 度異なる）となります。この電流の反射係数がマイナスになる理由は次のようになります。入射電流波に対する透過電流波の割合は $\dfrac{I_t}{I_i}=\dfrac{\left(\dfrac{V_t}{Z_L}\right)}{\left(\dfrac{V_i}{Z_0}\right)}=\dfrac{Z_0}{Z_L}\cdot\dfrac{V_t}{V_i}$ なので、式 (4.2) を代入すると $\dfrac{I_t}{I_i}=\dfrac{2Z_0}{Z_L+Z_0}$ が得られ、接続点における電流波の連続性 $I_i+I_r=I_t$ $\left(1+\dfrac{I_r}{I_i}=\dfrac{I_t}{I_i}\right)$ より、電流波に対する反射係数は $\dfrac{I_r}{I_i}=\dfrac{I_t}{I_i}-1=\dfrac{Z_0-Z_L}{Z_L+Z_0}$ となり電圧に対する反射係数と逆位相の関係になり次の式が得られます。

$$\rho_i=\frac{I_r}{I_i}=-\frac{Z_L-Z_0}{Z_L+Z_0} \quad\cdots\cdots\cdots\cdots\cdots\cdots\cdots\cdots (4.3)$$

入射電流波 I_i に対する透過電流波 I_t の割合は接続点での電流連続性により $1+\dfrac{I_r}{I_i}=\dfrac{I_t}{I_i}$ となるので次のようになります。

$$\frac{I_t}{I_i}=1+\rho_i=\frac{2Z_0}{Z_L+Z_0} \quad\cdots\cdots\cdots\cdots\cdots\cdots\cdots\cdots (4.4)$$

図 4-2(a) のように負荷のインピーダンス Z_L が伝送路の特性インピーダンス Z_0 に比べて非常に大きいときには電圧波は同じ大きさ、同じ位相で反射します（$a+b>0$）。一方電流波は負荷のインピーダンスが大きいので流れることができないので、負荷端の電流はゼロとなります。そのため電流波の反射は入射電流波と位相が π だけずれたものとなり、合成するとゼロになります（$a+b=0$）。**図 4-2(b)** のように負荷のインピーダンス Z_L が伝送路の特性インピーダンス Z_0 に比べて非常に小さい場合の電圧波の反射は負荷端がショート状態のためゼロになるので、反射電圧波は逆位相（位相差 π）となります。一方電流波は負荷端がショート状態なので最大に流れるために、負荷端では同相で反射

第4章　定在波（ノイズエネルギーの最大）の発生とインピーダンスマッチング

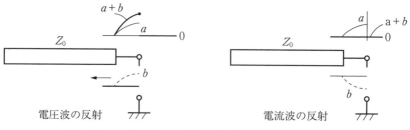

(a)　$Z_L \gg Z_0$（負荷オープン）のとき電圧波と電流波の反射

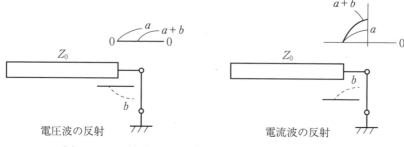

(b)　$Z_L \ll Z_0$（負荷ショート）のとき電圧波と電流波の反射

図4-2　異なるインピーダンスの境界での波の反射、透過

$(a+b>0)$ しなければならない。

4.2
定在波（定常波）の発生

いま、**図4-3(a)** のように電圧波 V_S が信号源インピーダンス Z_S から特性インピーダンス Z_0、長さ ℓ の伝送路を伝搬して負荷インピーダンス Z_L で受信される回路において、電圧波 V_S は伝送路への入射点 a において $V_1 = V_S \cdot \dfrac{Z_0}{Z_S + Z_0}$（$Z_0$ は a 点から伝送路を見たときのインピーダンス）の大きさとなって伝送路に入射され、時間 τ 後に負荷端 b では式(4.1)により反射波は $V_2 = V_1 \cdot \dfrac{Z_L - Z_0}{Z_L + Z_0}$ となります。この反射波は伝送路を信号源に向かって進み時間 τ 後に入力端 a に到達すると、ここで信号源インピーダンスと伝送路のインピーダンスが異なるために反射する、反射波が $V_3 = V_2 \cdot \dfrac{Z_S - Z_0}{Z_S + Z_0}$（反射波から信号源側を見ると負荷インピーダンスは Z_S に見えるので式(4.1)で Z_L を Z_S に置き換えたもの）

4.2 定在波(定常波)の発生

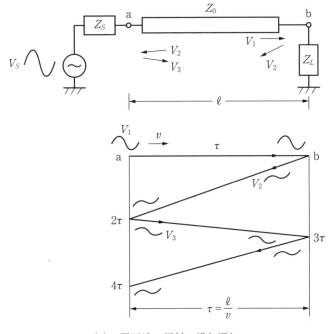

(a) 電圧波の反射の繰り返し

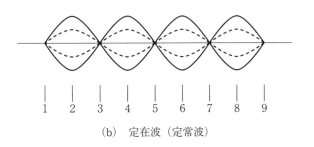

(b) 定在波(定常波)

図 4-3 定在波の発生

となります。この反射波 V_3 は伝送路を進み、負荷端 b に到達し、ここで反射をして、反射波は信号源側に戻ります。こうして反射が伝送路を伝搬する時間 τ ごとに繰り返され、伝送路には**図 4-3(b)**のような定在波が発生します。電圧定在波について述べましたが、電流定在波についても全く同じように生じます。この定在波の特徴は振幅がゼロになる位置(1、3、5、7、9)と振幅が最

大になる位置（2、4、6、8）が固定しており、振幅の大きさは最大値から点線のように小さく、さらには全く変化しない状態が時刻とともに変化していきます。進行波だけではこのような波を作ることができない。特定の波数 k だけがこのような波を作り、その他の波数のものは消滅していきます。

4.3
ノーマルモード電流が流れる回路に生じる定在波

(1) 負荷のインピーダンスが非常に大きいとき（オープン）

図4-4(a)の回路は信号源 V_S が $x=0$ 位置にあり、伝送路は信号源のプラス側から端子 a まで及び信号源のマイナス側から端子 b までの長さが ℓ、信号源から伝送路に電流波 I_0 が流れています。いま、x 軸正の方向に進む振幅 I_0 の電流波を $u_1 = I_0 \cos(kx - \omega t)$ とすれば、x 軸負の方向に進む電流波（端子 a と端子 b における反射波を想定）は、

$$u_2 = I_0 \cos(-kx - \omega t) = I_0 \cos(kx + \omega t)$$

と表すことができます。a 端子（負荷端）がオープンのとき、a 端子での入射波と反射波を合成した波は次のようになります。

$$u = u_1 + u_2 = I_0 \cos(kx - \omega t) + I_0 \cos(kx + \omega t)$$
$$= 2I_0 \cos kx \cdot \cos \omega t \quad \cdots\cdots\cdots\cdots\cdots\cdots\cdots\cdots\cdots (4.5)$$

$x = \ell$ において時間に関わりなく電流波の合成がゼロとなるのは $\cos k\ell = 0$ のときで、その条件は $k\ell = \dfrac{\pi}{2}(2n-1)$ $(n=1、2、3、\cdots)$ となります。ここで波数 $k = \dfrac{2\pi}{\lambda}$ なので、伝送路の長さ ℓ と電流波の波長 λ との関係は次のようになります。

$$\ell = \dfrac{\lambda}{4} \cdot (2n-1) \quad (n=1、2、3、\cdots) \quad \cdots\cdots\cdots\cdots\cdots\cdots (4.6)$$

また、信号源 $x=0$ の位置における変位 u は式(4.5)から $u = 2I_0$ となります。同様に端子 b では $x = -\ell$ において時間に関わりなく電流波の合成がゼロとなるのは $\cos(-k\ell) = 0$ を満たさなければならないので、その条件は式(4.6)と同じになります。$n=1$ のとき、電流の定在波を表すと図4-4(a) $\left(\dfrac{\lambda}{2} \text{定在波}\right)$ のようになります。

4.3 ノーマルモード電流が流れる回路に生じる定在波

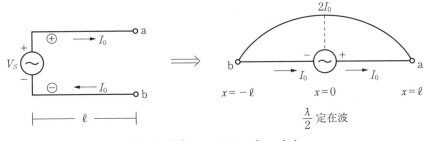

(a) 負荷端 a、b がオープンのとき

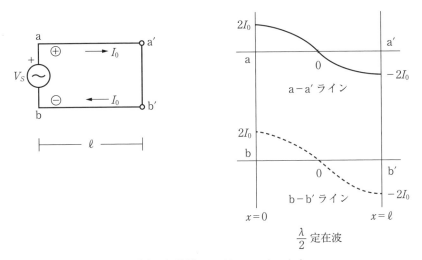

(b) 負荷端 a'b' がショートのとき

図 4-4 ノーマルモード電流が流れる回路に生じる定在波

このような $\frac{\lambda}{2}$ 定在波が発生する状況は次のような場合が考えられます。
- ケーブルで信号を送る回路
- 信号回路の GND が細い場合
- スリットの両端
- A/D コンバータの AGND と DGND の配線間（AGND と DGND 間にノイズ電位が発生）

(2) 負荷のインピーダンスが非常に小さいとき（ショート）

図 4-4(b) のように負荷がショートのとき、$x = \ell$ において時間に関わりなく

81

電流波の合成が最大及び最小となるのは $x=\ell$ において $\dfrac{du}{dx}=0$（変位に対する傾き）となるときである。式(4.5)を距離 x について微分すると次のようになります。

$$\dfrac{du}{dx} = -2kI_0 \sin kx \cdot \cos \omega t = 0$$

端子 a′（$x=\ell$）において $\sin k\ell = 0$ を満たす条件は $k\ell = n\pi$、つまり $\dfrac{2\pi}{\lambda}\cdot\ell = n\pi$（$n=1、2、3、\cdots$）なので次のようになります。

$$\ell = \dfrac{\lambda}{2}\cdot n \, (n=1, 2, 3, \cdots) \quad\cdots\cdots\cdots (4.7)$$

また、信号源の位置 $x=0$ においては変位 u は最大の $2I_0$ となります。式(4.7)において $n=1$ のとき、$\ell = \dfrac{\lambda}{2}$ となるのでライン a-a′ 間の中央 $x=\dfrac{\ell}{2}$ では式(4.5)から $\cos kx$ の値はゼロとなり、$n=1$ のときの定在波を示すと図4-4(b)のようになります。同じようにライン b-b′ においても定在波は図4-4(b)の点線のようになります。

4.4
負荷の状態によって変化する電圧と電流の定在波（高調波）

(1) 伝送路に発生する電流定在波

電流波 I_0 が伝送路を伝搬して距離 $x=\ell$ にある負荷（オープン）に到達すると大きさが等しく位相が180度異なって反射するため、負荷端で合成した変位 u はゼロとなります。式(4.5)から $\cos kx = 0$ の場合となります。この条件を満たす定在波は $k\ell = \dfrac{\pi}{2}(2n-1)$ より $\ell = \dfrac{\lambda}{4}(2n-1)$ となり、伝送路の長さ ℓ の間に図4-5(a)のような $\dfrac{\lambda}{4}$ の奇数倍の高調波が存在するときです。これに相当する周波数の電磁波（図4-5(c)の $f_1、f_3、f_5、\cdots$）が伝送路（アンテナとなる）から最大に放射されます。また、負荷端がショートの場合は、流れる電流は最大となるので、振幅方向の変位が自由に動けるためには $x=\ell$ にて距離に対する変位 u の傾き $\dfrac{du}{dx}$ がゼロ、つまり式(4.5)から $\dfrac{du}{dx} = -2I_0 k \sin kx \cdot \cos \omega t = 0$ となるときです。$\sin kx = 0$ となるのは $k\ell = n\pi (n=1、2、3、\cdots)$ のときで、$\ell = \dfrac{\lambda}{2}\cdot n$

4.4 負荷の状態によって変化する電圧と電流の定在波（高調波）

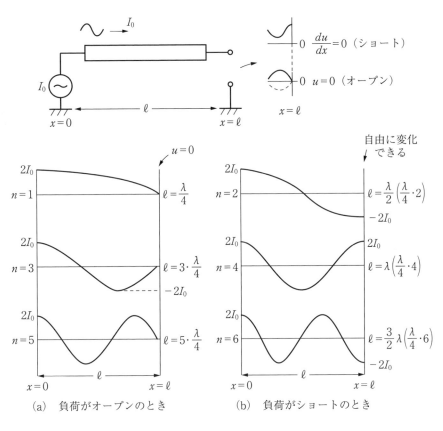

(a) 負荷がオープンのとき　　(b) 負荷がショートのとき

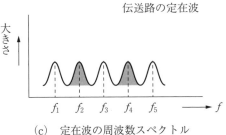

(c) 定在波の周波数スペクトル

図 4-5　電流の定在波

($n=1、2、3、\cdots$) の条件を満たすときです。$x=0$ の位置では式(4.5)より定在波の変位uは常に$2I_0$となり、$x=\ell$の位置では$u=2I_0\cos k\ell\cdot\cos\omega t$なので、$k\ell=\pi$を代入すると$u=-2I_0$となり、$k\ell=2\pi$のときには$u=2I_0$、$k\ell=3\pi$のときには$u=-2I_0$となり図**4-5(b)**のようになります。

負荷がショートのときには、伝送路に発生する定在波は$\frac{\lambda}{2}$の整数倍$\left(\frac{\lambda}{4}\text{の偶数倍}\right)$の高調波が生じていることがわかります。これに相当する周波数の電磁波（図4-5(c)の$f_2、f_4、f_6、\cdots$）が伝送路から最大に放射されます。この現象は定在波の周波数において伝送路に直列共振が生じて最大の電流が流れる状態となることです。

(2) 伝送路に発生する電圧定在波

電圧波V_0が伝送路を伝搬して距離$x=\ell$にある負荷（オープン）に到達すると大きさが等しく同位相（位相差ゼロ）で反射するため、負荷端での合成変位uは最大となります。このことは振幅方向の変位が自由に動けるため$x=\ell$にて距離に対する変位uの傾きはゼロのとき、つまり式(4.5)のI_0を電圧V_0に置き換えると$\frac{du}{dx}=-2V_0k\sin kx\cdot\cos\omega t=0$となります。これを満たす条件は$kx=\pi、2\pi、3\pi、\cdots\cdots$、つまり$\frac{2\pi}{\lambda}\cdot\ell=n\pi$($n=1、2、3、\cdots$) のときです。

$x=0$の位置における定在波の変位は$u=2V_0\cos kx\cdot\cos\omega t$なので常に$2V_0$となり、$x=\ell$の位置では$u=2V_0\cos k\ell\cdot\cos\omega t$なので$k\ell=\pi$を代入すると$u=-2V_0$となり、$k\ell=2\pi$のときには$u=2V_0$、$k\ell=3\pi$のときには$u=-2V_0$となり図**4-6(a)**のように分布します。このことは伝送路のインピーダンスが最大となり、電圧定在波が最大（電界が最大）となって伝送路から放射される周波数スペクトルは図**4-6(c)**の$(f_2、f_4、f_6、\cdots)$となります。また、負荷端がショートの場合は、電圧波は大きさが等しく、180度の位相差で反射されるので合成した波の変位uはゼロとなります。式(4.5)から$\cos k\ell=0$が成り立つときで、$\ell=\frac{\lambda}{4}\cdot(2n-1)$($n=1、2、3、\cdots$) となります。負荷がショートのときは、伝送路の電圧定在波は$\frac{\lambda}{4}$の奇数倍の高調波が図**4-6(b)**のように分布して、伝送路から放射される電磁波の周波数スペクトルは図**4-6(c)**の斜線部$f_1、f_3、f_5、\cdots$のようになります。

以上より、伝送路に接続されるインピーダンスの違いによって次のことが言

4.4 負荷の状態によって変化する電圧と電流の定在波（高調波）

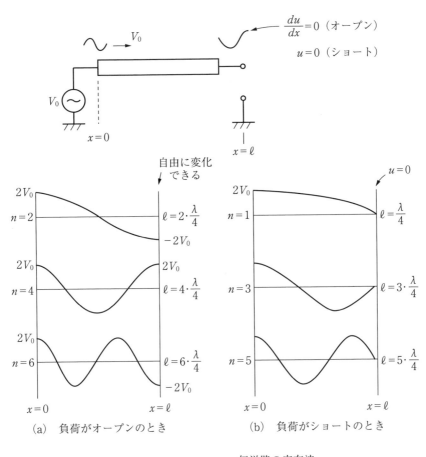

図 4-6　電圧の定在波

第4章　定在波（ノイズエネルギーの最大）の発生とインピーダンスマッチング

えます。

- 負荷のインピーダンスが大きくなる（並列共振：電界成分が多い）と外部から電磁波を誘導しやすくなる。
- 負荷のインピーダンスが小さくなる（直列共振：磁界成分が多い）と伝送路に最大の電流が流れ、電磁波を放射する。また、外部からのノイズ電流が流れやすく（吸収しやすく）なります。
- 負荷のインピーダンスが特性インピーダンスに等しくなると反射波はなく、進行波だけとなる。
- 進行波 $u_1 = I_0 \cos(kx - \omega t)$ は距離とともに位相が連続して変化するが定在波は位相が距離（位置）で固定している。このことは式(4.5)の $u = 2I_0 \cos kx \cdot \cos \omega t$ から時間的変化しても最小振幅（$-2I_0$）、振幅0、最大振幅（$+2I_0$）となる位置は固定（kx が一定）したものとなります。

4.5 定在波の発生は共振現象と同じ

いま、伝送路の負荷端bをショートしたときに伝送路に生じる電流定在波（実線）と電圧定在波（点線）を示すと**図 4-7(a)**になります。電流定在波が生じるときは負荷端で電流が最大に反射して、送信端で位相が反転して合成波が最小となる。このことは図 4-6(b)と同じ状況で電流が伝送路に最大に流れるのは**図 4-7(b)**に示すような L と C による直列共振回路（共振周波数は $f_r = \dfrac{1}{2\pi\sqrt{LC}}$）が形成されるときです。このインダクタンス L とキャパシタンス C は長さ ℓ の伝送路に存在する単位長さ当たりのインダクタンスとキャパシタンスを合計したもので分布（分布定数）しているものを1か所に集めた定数（集中定数）です。電圧定在波が生じるのは送信端から送られた電圧波が負荷端で逆位相で反射され、送信端でさらに逆位相で合成されて最大振幅になるためです。このように入力端aで振幅が最大となるのは入力電圧波に対するインピーダンスが最も大きくなるときです。このことは**図 4-7(c)**に示すようにインダクタンス L とキャパシタンス C の並列回路（並列共振回路）となったときです。このときの並列共振周波数は $f_r = \dfrac{1}{2\pi\sqrt{LC}}$ となり直列共振周波数と

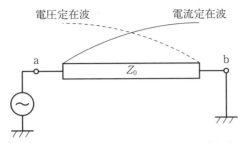

(a) 伝送路に生じる電圧定在波と電流定在波

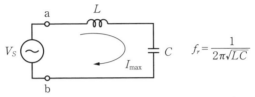

(b) 電流定在波が生じるとき（LC 直列回路）

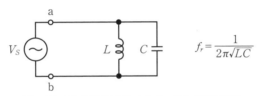

(c) 電圧定在波が生じるとき（LC 並列回路）

図 4-7 定在波の発生と LC 共振回路（集中定数）

同じになります。このように伝送路に電圧定在波や電流定在波が生じることは伝送路のインピーダンスが最大または最小になるときで、並列共振または直列共振が生じている現象と同じと考えられます。

4.6 集中定数回路と分布定数回路の共振周波数の求め方

(1) 集中定数回路と分布定数回路の共振周波数の違い

いま、**図 4-8(a)** の伝送路の単位長さ当たりのインダクタンスを $L_0\,[\mathrm{H/m}]$、単位長さ当たりのキャパシタンスを $C_0\,[\mathrm{F/m}]$ とすれば特性インピーダンス

第4章　定在波（ノイズエネルギーの最大）の発生とインピーダンスマッチング

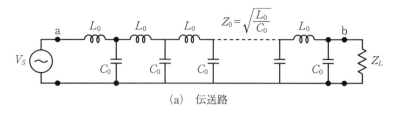

(a) 伝送路

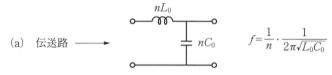

(b) 分布定数を集中定数に置き換える

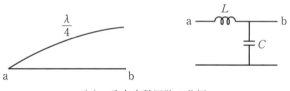

(c) 分布定数回路の共振

図 4-8　分布定数回路と集中定数回路の共振周波数

$Z_0 = \sqrt{\dfrac{L_0}{C_0}}$ [Ω] で表され、これらが n 個あるとすれば、集中定数（波が立たずに分布が平坦）nL_0 のインダクタンスと nC_0 のキャパシタンスで表すと**図4-8(b)**のようになります。この集中定数回路の共振周波数 f_r は次のようになります。

$$f_r = \dfrac{1}{2\pi\sqrt{nL_0 \cdot nC_0}} = \dfrac{1}{n} \cdot \dfrac{1}{2\pi\sqrt{L_0 C_0}} \quad \cdots\cdots (4.8)$$

次に**図4-8(c)**のように $\dfrac{\lambda}{4}$ の定在波が分布したとき、インダクタンス L とキャパシタンス C で分布定数を表すと n 個あるインダクタンス L の平均値（$\dfrac{\lambda}{4}$ は $\dfrac{\pi}{2}$ の位相に相当）は次のようになります。

$$L = \dfrac{n}{\left(\dfrac{\pi}{2}\right)} \int_0^{\frac{\pi}{2}} L_0 \sin\theta\, d\theta = \dfrac{2}{\pi} n \cdot L_0 \quad \cdots\cdots (4.9)$$

4.6 集中定数回路と分布定数回路の共振周波数の求め方

同様にしてキャパシタンス C についても次のように求めることができます。

$$C = \frac{n}{\left(\frac{\pi}{2}\right)} \int_0^{\frac{\pi}{2}} C_0 \sin\theta d\theta = \frac{2}{\pi} n \cdot C_0 \quad \cdots\cdots\cdots\cdots\cdots\cdots\cdots\cdots\cdots (4.10)$$

式(4.9)と式(4.10)及び式(4.8)から分布定数回路の共振周波数$(f_r)_{分布}$は次のようになります。

$$(f_r)_{分布} = \frac{1}{2\pi\sqrt{LC}} = \frac{1}{2\pi\sqrt{\frac{2}{\pi}\cdot nL_0 \cdot \frac{2}{\pi}\cdot nC_0}}$$

$$= \left(\frac{\pi}{2}\right) \cdot f_r \quad \cdots\cdots\cdots\cdots\cdots\cdots\cdots\cdots\cdots\cdots (4.11)$$

つまり、分布定数回路の共振周波数は集中定数回路の共振周波数の $\frac{\pi}{2} \approx 1.57$ 倍となります。この周波数の電磁波が伝送路から放射されることになります。

> **計算例**：伝送路の構造をマイクロストリップラインとして、長さが 20 cm、単位長さ当たりのインダクタンス L が 6.5 nH/cm、キャパシタンス C が 0.5 pF/cm とすれば、長さ 20 cm を集中定数とすれば、$L = 130$ nH、$C = 10$ pF となるので集中定数の共振周波数は $f_c = \frac{1}{2\pi\sqrt{LC}}$ より、$f_c \approx 139.6$ MHz となります。したがって、分布定数回路の共振周波数を f_d とすれば、$f_d = \frac{\pi}{2} \cdot f_c \approx 219.3$ MHz となります。
>
> この伝送路を伝わる信号の速度は $v = \frac{1}{\sqrt{LC}}$ から $v \approx 1.75 \times 10^8$ [m/s]、長さ 20 cm の伝送路に $\frac{\lambda}{4}$ の波が分布すると波長は $\lambda = 0.8$ m なので共振周波数は $f = \frac{v}{\lambda} \approx 218.8$ MHz となり、ほぼ一致します。

(2) 定在波の周波数の求め方

図 4-9(a)は長さ ℓ の伝送路に $\frac{\lambda}{4}$ に相当する周波数 f_0 の電流波 I_0 が速度 v で進んでいるときに、$v = f_0 \cdot \lambda$、$\frac{\lambda}{4} = \ell$ の関係から周波数は $f_0 = \frac{v}{4\ell}$ となります。これより伝送路の長さ ℓ 及び波の進む速度 v がわかれば、周波数 f を求めることができます。伝送路を進む電流波の速度 v は単位長さ当たりのインダクタ

第4章 定在波（ノイズエネルギーの最大）の発生とインピーダンスマッチング

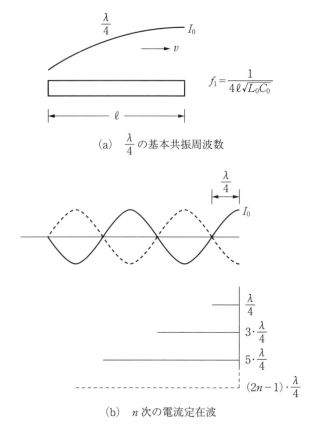

図4-9 電流定在波と共振周波数の関係

ンスを L_0 [H/m]、単位長さ当たりのキャパシタンスを C_0 [F/m] とすれば、$v=\dfrac{1}{\sqrt{L_0 C_0}}$ [m/s] となるので、周波数 f_0 は次のようになります。

$$f_0 = \dfrac{1}{4\ell\sqrt{L_0 C_0}} \quad \cdots\cdots\cdots\cdots\cdots\cdots\cdots\cdots\cdots (4.12)$$

図4-9(b) のように伝送路の長さ ℓ に相当する波長が $\dfrac{\lambda}{4}$、$3\cdot\dfrac{\lambda}{4}$、$5\cdot\dfrac{\lambda}{4}$、…のとき、$\ell=(2n-1)\cdot\dfrac{\lambda}{4}$ $(n=1,2,3,\cdots)$ なので式(4.12)に代入して $(2n-1)f_0\cdot\lambda = v$ となる。これより n 次の定在波に相当する周波数 f は次のようになります。

$$f=(2n-1)\cdot f_0 \quad \cdots\cdots\cdots\cdots\cdots\cdots\cdots\cdots\cdots (4.13)$$

式(4.13)より $\dfrac{\lambda}{4}$ に相当する基本周波数 f_0 の奇数倍に相当する電流定在波が

存在することになります。

4.7 2次元を伝搬する波によって生じる定在波

2次元を伝搬する波について、**図 4-10(a)**に示すようなプリント基板 PCB の中央付近に IC 回路があり、ここから励振された波は PCB 上を水平方向と同時に垂直方向に伝搬します。この IC 回路はクロックパルスが変化するたびにスイッチング電流が流れて電源電圧 V_p は下がり V_n の変動となります。この変動が**図 4-10(b)**に示すように電源プレーン V_p と GND 間を水平方向と垂直方向に進みます。PCB の端面ではインピーダンスが大きいので反射波が生じ PCB 基板上には定在波が生じることになります。

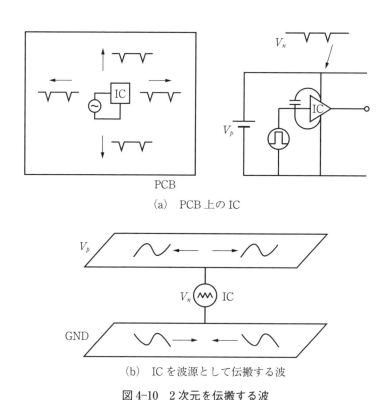

(a) PCB 上の IC

(b) IC を波源として伝搬する波

図 4-10 2次元を伝搬する波

第4章　定在波（ノイズエネルギーの最大）の発生とインピーダンスマッチング

　ノイズ対策では波源である IC 回路から発生する波のエネルギーを小さくすることです（波源への対策）。波源のエネルギーを低減するためのデカップリングキャパシタ C が重要となります。そのためには、キャパシタンス C はストレーインダクタンス成分 L_s を最小にして IC のスイッチング電流（クロック周波数の 2 倍の周波数を基本周期とする n 倍のスペクトル）の高調波成分を最大限に供給する能力がなければならない。

4.8
電源・GND プレーンに生じる定在波のレベルを最小にする

　図 4-11 は図 4-10(b) の電源・GND プレーンのモデルで、$x=0$ の位置にノイズ源 V_n があり、x 軸の正方向の $x=\ell$ と負の方向 $x=-\ell$ の位置で PCB の端はオープンとします。いま、$x=0$ にある波源 V_n から x 軸の正方向と負の方向に波が伝搬するとすれば、電源・GND プレーンは $x=\ell$ の負荷端でインピーダンスが大きくオープンのため、電圧定在波は図 4-6(a) の定在波が左右対称に配置されたものとなるので**図 4-11(a)** のように分布します。この電圧定在波は $\frac{\lambda}{2}$ の偶数倍のとき最大となります。また電流定在波については図 4-5(a) の定在波が左右対称に配置されたものと同じになるので**図 4-11(b)** のように長さ 2ℓ が $\frac{\lambda}{2}$ の奇数倍のときに最大となります。定在波の周波数を求めるためには、電源・GND プレーンを伝搬する電磁波の速度を $v\left(\frac{c}{\sqrt{\varepsilon_r}}, c=3.0\times10^8[\mathrm{m/s}]\right)$ とすれば、長さ 2ℓ が $\frac{\lambda}{2}$ に相当するので $\lambda=4\ell$ となるので、定在波の基本周波数を f_1 とすれば、$f_1=\frac{v}{\lambda}$ となり、電流の定在波は $f_1, f_3, f_5, \cdots$ にピークが現れ、電圧の定在波は $f_2, f_4, f_6, \cdots$ にピークが現れます（**図 4-12(a)**）。いま、電源・GND プレーンの大きさを正方形で縦 20 cm、横 20 cm とすれば、電流定在波については長さ $2\ell=20$ cm が $\frac{\lambda}{2}$ に相当するので $\lambda=40$ cm となるので、比誘電率 $\varepsilon_r=4.7$ とすれば、電流定在波の基本周波数は $f_1=\frac{v}{\lambda}=\frac{\left(\frac{3\times10^8}{\sqrt{4.7}}\right)}{0.4}\approx$ 346 MHz となります。波源のエネルギーのうち特に高い高周波成分のエネルギーを低減する、そのためには波源 V_n のレベルを最小にして（IC の立上り時

4.8 電源・GND プレーンに生じる定在波のレベルを最小にする

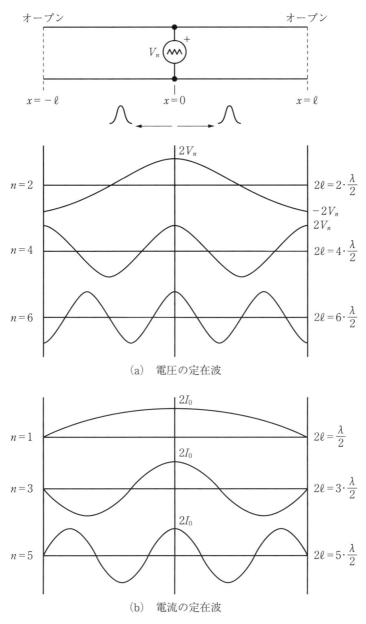

(a) 電圧の定在波

(b) 電流の定在波

図 4-11 電源・GND プレーンの定在波

第4章　定在波(ノイズエネルギーの最大)の発生とインピーダンスマッチング

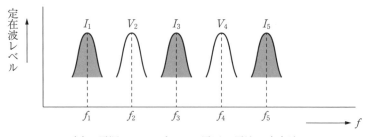

(a) 電源・GND プレーン電圧、電流の定在波

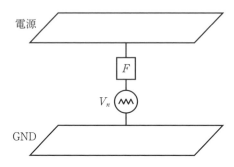

(b) フィルタ F によって高調波の伝搬を抑える

図 4-12　電源・GND プレーンの定在波レベルを低減

間 t_r を大きく、電源・GND 間のキャパシタ C の最適化)、電源・GND プレーン間のインピーダンスを高くして波をプレーン上に伝搬させないようにすることです。その方法として、**図 4-12(b)** のように波源 V_n と直列にフィルタ F を挿入すればよいことになります。こうして定在波のレベルを最小にすることができます。

4.9 定在波(反射)をなくすインピーダンスマッチング

インピーダンスマッチングとは、信号を送る送信側のインピーダンス(IC の出力インピーダンス + 追加すべき抵抗)を伝送路の特性インピーダンス Z_0 に合わせる、信号を受信する負荷側のインピーダンスを伝送路の特性インピーダンスに合わせる、これら両方または片方のみにインピーダンスを合

4.9 定在波(反射)をなくすインピーダンスマッチング

わせることを言います。伝送路の特性インピーダンスは $Z_0 = \sqrt{\dfrac{L}{C}}$ [Ω] で部品抵抗と同じです。

いま、**図 4-13(a)** のように伝送路の送信側と負荷側に伝送路と等しい抵抗 Z_0 を付けると送受信ともインピーダンスをマッチングしたことになります。このとき、信号波 V_s は送信側の抵抗値 Z_0 と伝送路の抵抗値 Z_0 に分割された信号が伝送路に入力されます。大きさは $\dfrac{V_s}{2}$ でこの信号が伝送路を進み、受信端に到達するとインピーダンスが合っているのでそのまま負荷の抵抗値 Z_0 に印加されます。このように送信側と受信側ともにインピーダンスがマッチングされていると信号レベルは半分になるが反射は全く起こらない。次に**図 4-13(b)** の

(a) 送受信端をインピーダンスマッチング

(b) 負荷端のみをインピーダンスマッチング

(c) 送信端のみインピーダンスマッチング

図 4-13 インピーダンスマッチング

ように負荷端のみをインピーダンスマッチングしたときには信号波 V_s は入力端では大きさ V_s で入力され、そのまま伝送路を進み、負荷端に達するとインピーダンスがマッチングされているので反射は生じないでそのまま負荷の抵抗値 Z_0 に印加されます。この場合は負荷端にデジタルクロックであればクロックレベルの大きさに応じた直流電流が負荷抵抗 Z_0 に流れて大幅に電力が消費されます。

次に**図4-13(c)**のように送信側がインピーダンスマッチングされ、負荷端がインピーダンスがマッチングされていないとき（例：オープン）は入力信号波 V_s は図4-13(a)と同じように波の大きさは $\frac{V_s}{2}$ となって伝送路を進み、負荷端がオープンなので、波の大きさ $\frac{V_s}{2}$ はそのままの大きさ、位相差がなく反射します。その結果、負荷端では大きさが入力と同じく V_s となるが、入力端子に向かう反射波 $\frac{V_s}{2}$ が生じます。反射波は入力端に到達するとここでインピーダンスがマッチングされているので反射は生じず、入力の波 $\frac{V_s}{2}$ と反射波 $\frac{V_s}{2}$ が合成され大きさが入力信号波と同じ V_s となります。このケースでは伝送路の距離が長いと入力端子まで反射波が到達する時間（位相差）が長くかかるので、合成された波形には段差が生じることになります。細いパルスでは合成されて離れた状態（スプリット）になる可能性があります。またこの方式は図4-13(a)や(b)の方式に比べて信号源から負荷までの回路に直流電流が流れないので省エネ回路となり、電池で動作する回路などに適しています。一般のデジタル回路でインピーダンスマッチングする場合は、この図4-13(c)の方式がよく使われます。

4.10
進行波によって生じるコモンモードノイズ源の波形

図4-14に電源 V とスイッチ S から生じる波源はインダクタンス L とキャパシタンスで構成される伝送路には電流の波として伝搬します。信号線側の単位長さ当たりの自己インダクタンスを L_1、電流がリターンする GND 側の単位長さ当たりの自己インダクタンスを L_2、配線間の全相互インダクタンスを M とすれば、リターン側の ab 間（自己インダクタンスを L_{ab} （$L_{ab}=nL_2$））に生じ

4.10 進行波によって生じるコモンモードノイズ源の波形

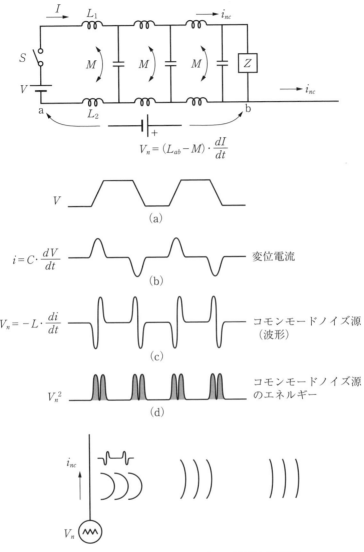

図4-14 コモンモードノイズ源の波形と電磁波

る波源 V_n（コモンモードノイズ源）は次のように表すことができます。

$$V_n = (L_{ab} - M) \cdot \frac{dI}{dt} \quad \cdots\cdots\cdots\cdots\cdots\cdots\cdots\cdots\cdots\cdots\cdots\cdots\cdots\cdots (4.14)$$

第4章　定在波（ノイズエネルギーの最大）の発生とインピーダンスマッチング

式(4.14)から波源の強度 V_n は配線 ab 間の自己インダクタンス L_{ab} と全相互インダクタンス M によるループインダクタンス（$L-M$）の構造と信号電流 I の時間に対する立上り $\frac{dI}{dt}$ の大きさの積によって決まります。このためコモンモードノイズの波源の大きさを低減するには電流波形と回路の構造を変えることが必要となります。

いま、電源をある周期の波形でスイッチしたときの電圧波形を図 4-14(a)のような波形とすれば、キャパシタンス C に流れる変位電流は $i = C \cdot \frac{dV}{dt}$ となるので図 4-14(b)のような波形となります。したがって、波源 V_n によって回路外に押し出されたコモンモードノイズ電流 i_{nc}（信号成分の一部である）の波形は図 4-14(b)の波形をさらに微分して、逆起電力であるのでマイナス符号をつけた $V_n = -L\frac{di}{dt}$ と同じ形となります（図 4-14(c)の波形）。この波形は信号電圧の立上りと立下りの時間で振動がちょうど 1 周期する波形となり、波源のエネルギーは振幅の 2 乗で V_n^2 となるので図 4-14(d)に示す斜線の部分になります。電流の立上り時間が速いほどコモンモードノイズ源 V_n は大きくなり、そのエネルギーも大きくなります。その結果、他の回路へ伝導するノイズ及び放射される電磁波が多くなり EMC 性能が悪くなります。この波源 V_n とコモンモードノイズ電流 i_{nc} の関係を表すと有限な長さの導線（回路の長さなど）に電流が流れるアンテナ構造となります。こうしてアンテナから放射された電磁波の形は図 4-14(c)に相似した波形となることが予想されます。

第 5 章

電磁気学の原理を用いて波のエネルギーを最小にする

　電磁気学の原理を理解することによってノイズ源のエネルギーを小さくする方法、電磁波を閉じ込める方法、電磁波の影響を最小限にする方法などEMC性能をよくすることができます。電磁気学の基本法則であるガウスの法則（電荷変動から電界）、アンペール・マクスウエルの法則（伝導電流と変位電流から磁界の発生）、ファラデーの電磁誘導の法則（磁界から電界の誘導）を用いてEMCに関する現象を説明することができます。マクスウエルの方程式は上記3つの基本法則に、磁力線の閉ループに関する法則を加えたもので、ベクトル記号を用いて表した4つの方程式で示されます。

5.1
電源投入による電荷の生成

　電磁気学の応用は電子回路に電源を投入することから始まります。電源 V の単位はボルト [V] であるが、これは電荷 Q [C：クーロン] に対して電位 V だけ高い位置に電荷 Q を移動させるに必要な仕事（エネルギー）が QV [J：ジュール] です。基本単位である 1[V] とは1クーロンの電荷に対してする仕事が 1[J] と定義されています。このことから回路に加える電圧 V はエネルギー源であることがわかります。電圧が小さいほど電子回路に投入されるエネルギーは少なくて済み、外部に放射される電磁波も少なくなります。これはすでに述べたエネルギー保存の法則と一致します。いま、**図 5-1** のように配線の先端部 a と b がオープンで、空間に存在するキャパシタンスを3つ示した回路において、端子 a-b 間にスイッチ S が ON して電圧 V が加わるとキャパシタンス C（3つのキャパシタンスの合計）に電荷 Q（a 端子側がプラス、b 端

第5章　電磁気学の原理を用いて波のエネルギーを最小にする

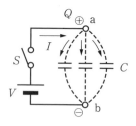

図 5-1　電圧の時間変化が電荷 ⊕ ⊖ を生み出す

子側がマイナス）が生じます。その関係は $Q = C \cdot V$ となり、両辺を時間で微分すると $\frac{dQ}{dt} = C \cdot \frac{dV}{dt}$ となります。このことは電圧の時間変化 $\frac{dV}{dt}$ がキャパシタンス C に作用して電荷の時間変化 $\frac{dQ}{dt}$ を生み出します。この電荷の時間的変動が電流 $\frac{dQ}{dt} = I$ となって、導線部分を流れる伝導電流と端子 a から端子 b の空間（キャパシタ C）に流れる変位電流となります。

5.2
電荷はエネルギーを持つ

図 5-2 のように電荷 Q が幅広い金属板から一定の距離の空間にあるとき、金属板に対してキャパシタンス C（図では3つ）が存在して、電荷 Q によって生じる電位 V は $V = \frac{Q}{C} = \frac{Q}{4\pi\varepsilon r}$（$C = 4\pi\varepsilon r$、$r$ は電荷が帯電している物体の半径）となります。電荷 Q が持つ電気的なエネルギーはキャパシタンスのある空間に蓄積され、大きさが $\frac{1}{2}CV^2 = \frac{Q^2}{2C}$ となり、電荷 Q の2乗に比例して、キャパシタンス C に反比例します。したがって、このエネルギーを少なくす

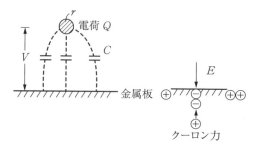

図 5-2　電荷 Q のエネルギー

るためには電荷量 Q を少なくする、電荷と金属板との距離を近づけてキャパシタンス C を大きくすることです。こうすることにより金属板に向かう電荷 Q から発生した電気力線の本数が多くなり（電界 E が強くなり）、金属板の中の電子を移動させる仕事に消費されてしまうことです（クーロン力 $F=q \cdot E$）。そのため金属以外の空気中に放射される電気力線数が少なくなることになります。このことはアンテナの近くに金属を近づけると放射効率が悪くなる現象と同じと考えられます。

5.3
電荷とガウスの法則、電荷から生じる電界 E を最小にする

(1) 小さな領域に分布した電荷から生じる電界

電源 V を投入すると電荷が移動・分離して、この電荷変動が電気力線を生み出し電界（単位面積当たりの電気力線の密度）が生じ、伝導電流と変位電流が流れます。いま、ある小さな体積 dV の中にプラスの単一電荷 Q が電荷密度 $\rho[C/m^3]$ で分布しているとすれば（図 5-3(a)）、この電荷から距離 r だけ離れた点 P の電界はガウスの法則（電荷から発生する電気力線の本数は電荷を囲む閉曲線を貫く電気力線の総本数に等しい）によって求めることができます。小さな領域から電気力線が均等に放射しているとすれば、電界 E は単位面積当たりの電気力線の本数［本/m²］なので、半径 r の球面の表面積 $4\pi r^2$ ［m²］の電気力線の総本数は $E \cdot 4\pi r^2$、これが電荷 Q（電荷が置かれている場所の誘電率を ε）から発生する電気力線の本数 $\frac{Q}{\varepsilon}$［本］に等しいので、$\frac{Q}{\varepsilon} = E \cdot 4\pi r^2$ となります。これより電荷 Q から距離 r だけ離れたところの電界 E は次のようになります。

$$E = \frac{Q}{4\pi\varepsilon r^2} \quad \cdots\cdots\cdots\cdots\cdots\cdots\cdots\cdots\cdots\cdots\cdots\cdots\cdots\cdots (5.1)$$

式(5.1)からわかることは電界の強さは電荷量 Q に比例して、誘電率 ε 及び距離の2乗に反比例する。距離が離れると電界 E は急激に減衰する。電界 E を少なくするためには、電圧 V を低くして電荷 Q を少なくする（$Q=C \cdot V$）、電気力線を空気中でなく電荷 Q が存在しているところの誘電率 ε を大きくする。

第5章　電磁気学の原理を用いて波のエネルギーを最小にする

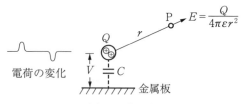

(a) 電荷が狭い領域に分布

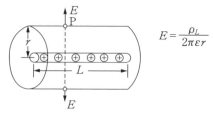

(b) 電荷が線状に分布（アンテナと同じ）

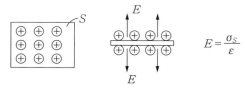

(c) 電荷が平面上に分布

図5-3　プラス電荷によって発生する電界 E

電荷を小さな領域に閉じ込める。信号回路や電源回路を作るときにできるだけ回路の長さを短く（面積が小さくなる）することです。信号配線など長くなると電荷の分布する領域は広くなってしまいます。

(2) 電界の単位（V/m、N/C、本/m²）

電界の単位の表し方には、それぞれ単位長さ当たりの電位の変化 [V/m]、単位電荷に働く力 [N/C]、単位面積当たりの電気力線の数 [本/m²] があります。それぞれについて下記のようになります

● V/m の単位

誘電率 ε の単位は $\left[\dfrac{\mathrm{F}}{\mathrm{m}}\right]$（F：容量のファラッド）なので、式(5.1)から電界 E の単位は $\left[\dfrac{\mathrm{C}}{(\mathrm{F/m})\cdot\mathrm{m}^2} = \dfrac{\mathrm{C}}{\mathrm{F}\cdot\mathrm{m}} = \dfrac{\mathrm{V}}{\mathrm{m}}\right]$ となり単位長さ当たりの電圧の変

化[V/m]となります。これは距離hだけ離れた平行・平板のキャパシタンスに電圧Vを印加するとキャパシタ間に生じる電界Eは$E=\dfrac{V}{h}$[V/m]と同じとなります。

● N/Cの単位

電荷qに電界Eが作用するとクーロン力Fは$F=qE$となり、電界Eの単位は[N/C](N：ニュートン、C：クーロン)で電荷当たりに働く力の大きさになります。これより電界とは電荷に対して力を及ぼすことになります。

● 本/m²の単位

電界Eを単位面積当たりの電気力線の本数[本/m²]としたときに、$\dfrac{Q}{\varepsilon}=E\cdot 4\pi r^2$の右辺は本数の単位となるので$\dfrac{Q}{\varepsilon}$が[本]の単位となることを示せばよいことになります。そこで仮に[V/m]=[本/m²]とおくと、[本=V・m]となります。ここで$\dfrac{Q}{\varepsilon}$の単位は$\left[\dfrac{C}{(F/m)}=\dfrac{C}{F}\cdot m=V\cdot m\right]$となり[本]に等しくなることがわかります。

(3) 線状に電荷が分布したときの電界

電荷の分布が**図 5-3(b)**のように線状に広がり、長さLの導線に電荷Qが電荷密度$\dfrac{Q}{L}=\rho_L$[C/m]で均等に分布するときには導線から半径rの円筒方向にのみ電界Eが発生する（導線の端から放射するのを無視）とすれば、ガウスの法則を適用して、半径rの円筒の表面積は$2\pi r\cdot L$となり、電気力線の総本数は$2\pi r\cdot L\cdot E$となります。これが内部の電気力線の本数$\dfrac{Q}{\varepsilon}$[本]に等しいことから$2\pi r\cdot L\cdot E=\dfrac{Q}{\varepsilon}$が得られます。これより電界$E$は次のようになります。

$$E=\dfrac{Q}{2\pi\varepsilon rL}=\dfrac{\rho_L}{2\pi\varepsilon r} \quad\cdots\cdots\cdots\cdots\cdots\cdots\cdots\cdots\cdots\cdots\cdots\cdots\cdots (5.2)$$

電界Eの大きさは長さLの導線に分布する電荷量Q（電荷密度）に比例して、距離に反比例して減衰することがわかります（アンテナから放射される電磁波も距離に比例して減衰）。式(5.2)から電界Eを最小にするためには、誘電率εを大きく、電荷密度ρ_Lを小さくすることです（電荷量を少なく、長さを短くする）。

(4) 面状に電荷が分布したときの電界

電荷Qが**図 5-3(c)**のように面積Sに均一に分布して、電界Eが上下方向に

半分ずつ垂直に発生する（端面からの発生を無視）として、ガウスの法則を用いると $2 \cdot E \cdot S = \dfrac{Q}{\varepsilon}$ なので、電界 E は次のようになります。

$$E = \frac{Q}{2\varepsilon \cdot S} = \frac{\sigma}{2\varepsilon} \quad \cdots\cdots\cdots\cdots\cdots\cdots\cdots\cdots\cdots\cdots\cdots\cdots\cdots\cdots\cdots\cdots\cdots\cdots\cdots (5.3)$$

ここで、σ は単位面積当たりの電荷量で単位は $\left[\dfrac{C}{m^2}\right]$ となります。

式(5.3)から、このように平面に広がった電荷は距離に関係ないので減衰しないことになります。電界 E を最小にするためには式(5.3)から誘電率 ε を大きく、電荷密度 σ を最小（電荷量を小さく、電荷が広がる面積を小さく）にしなければならない。図5-3はすべて同一の電荷（プラスの電荷またはマイナスの電荷）が分布したときの状態です。

(5) ガウスの電荷に関する法則

ガウスの法則をベクトル記号を用いて表すと次のようになります。

$$\frac{\rho}{\varepsilon} = \mathrm{div}\, E \quad \cdots\cdots\cdots\cdots\cdots\cdots\cdots\cdots\cdots\cdots\cdots\cdots\cdots\cdots\cdots\cdots\cdots\cdots\cdots (5.4)$$

ρ は体積当たりの電荷量、div は発散のベクトル記号を示し、式(5.4)の単位は $[V/m^2]$ となるので単位面積当たりの電圧の発生効率を示しています。電荷はエネルギーを持つので、同じエネルギーなら面積を小さくして電圧の発生効率を高める方がよくなります（小さな電荷分布）。左辺が電荷変動 Q の波源を、右辺が電界 E となるので左辺 $\dfrac{\rho}{\varepsilon}$ を最小にすることが放射ノイズ低減とイミュニティ性能を向上させることになります。次に電界がプラス電荷とマイナス電荷の間（内部 IN）とそれ以外の空間（外部 OUT）の領域を考えると式(5.4)は次のように考えることができます。

$$\frac{\rho_{\pm}}{\varepsilon} = \mathrm{div}\, E_{IN} + \mathrm{div}\, E_{OUT} \quad \cdots\cdots\cdots\cdots\cdots\cdots\cdots\cdots\cdots\cdots\cdots (5.5)$$

プラスの電荷からマイナス電荷への湧き出し量を最大にする、そのためには電荷間の距離を近づけ、電気力線の密度を最大にすることです。このことは式(5.5)を、

$$\frac{\rho_{\pm}}{\varepsilon} = (\mathrm{div}\, E_{IN})_{MAX} + (\mathrm{div}\, E_{OUT})_{MIN}$$

5.3 電荷とガウスの法則、電荷から生じる電界 E を最小にする

とすることです。

(6) 電界を低減する方法がノイズ対策となる

ノイズ対策では電界 E を最小にしなければならない。電界を減少させるには電圧 V を低くして電荷 Q の量を減らせばよいが、それができないときには空間に生じる電界 E のベクトル（大きさと方向）を最小にする方法が考えられます。通常の電子回路は図 5-1 のように電圧 V を印加することによってプラスの電荷とマイナスの電荷を同時に生み出している。**図 5-4(a)**のようにプラスの電荷 Q の近くにマイナスの電荷 $-Q$ を持ってくれば、マイナス電荷による電界のベクトルは逆方向となります。プラスの電荷とマイナスの電荷が近づくほど相殺される量は多くなり、電界 E は小さくなります。それによって空間の電界のエネルギー $\left(\text{エネルギー密度は}\frac{1}{2}\varepsilon E^2[\text{J/m}^3]\right)$ が小さくなり、電界は減少します。この小さな領域にプラス、マイナスの電荷が生じる状況は

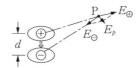

(a) 小さな領域にある $+Q$、$-Q$ の電荷による電界 E

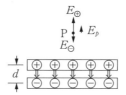

(b) 線状に分布する $+Q$、$-Q$ の電荷による電界 E

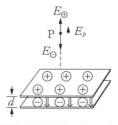

(c) 面状に分布する $+Q$、$-Q$ の電荷による電界 E

図 5-4 プラス電荷とマイナス電荷によって生じる電界 E

第 5 章　電磁気学の原理を用いて波のエネルギーを最小にする

IC の中、または IC の端子部分、短いループの回路が該当します。外部の電界 E が減少することは外部空間の電界のエネルギー密度が低減することで、その減少したエネルギーはプラス電荷からマイナス電荷に向かう内部の電界のエネルギー密度の増大となります（内部の電界ベクトルは同じ方向で増大）。このことは式 (5.1) からプラス電荷とマイナス電荷の距離 d が短くなるほど増大します。次にプラス電荷が線状に分布する配線の近くにマイナス電荷が線状に分布する配線を近づけるとプラス電荷による電界 E_+ とマイナス電荷による電界 E_- が相殺され P 点の電界 E_p は小さくなります。この小さくなった全空間の電界はプラス電荷とマイナス電荷との間に集中します。配線間の距離 d が近いほど外部で相殺される効果は大きくなり電界 E_p は小さくなります。このモデルは信号線とケーブルなど長い配線に適用されます。次にプラスの電荷とマイナスの電荷が面状に分布する場合は、平板に均等に分布するプラスの電荷と同じようにマイナスに分布する電荷量が等しい場合、外部空間の P 点における電界も相殺され、相殺された分の電界のエネルギーは配線間に集中します。面状に分布した電界 E は距離に無関係なので、平板間の距離 d が離れていても平板の上下の点 P では相殺され電界 E_p はゼロとなります。しかしながら、距離 d が大きいと上下の平板のエッジ部分からのプラス電荷とマイナス電荷による外部空間の電界が小さくならない。平行板の側面も含めて外部空間すべての電界 E_p を小さくするには平板間の距離 d を限りなく小さくしなければならない。このケースは電源と GND プレーン間やプリント基板（PCB）と金属板（筐体、フレーム、シャーシなど）との位置関係が該当します。

　EMC 性能を上げるにはプラス電荷の近くにマイナスの電荷を持ってくることが極めて有効な手段となります。このプラスの電荷とマイナスの電荷を限りなく近づけるもっとも理想的な状態はプラス電荷をマイナスの電荷で囲むことです（同軸ケーブル、完全シールド等）。これにはシールドケーブル、多層基板がより近くなります。

5.4 マクスウエル・アンペールの電流法則により磁界 H を最小にする

(1) 伝導電流による磁界を低減する方法

金属の中を流れる伝導電流や空間（誘電体も含む）を流れる変位電流が流れるとその周辺には磁力線が生じます。この磁力線の密度が磁気的な場である磁界 H となります。図 5-5(a) のように電流 I が流れている導線の周りには右ネ

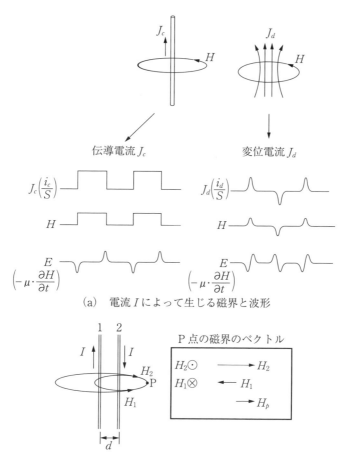

(a) 電流 I によって生じる磁界と波形

(b) 逆方向に流れる電流による磁界（ノーマルモード）

図 5-5 電流によって生じる磁界 H を低減

ジの方向に磁力線が生じます。ここでアンペールの法則「磁力線を半径 r の周に沿って足し合わせると、それは磁力線を取り囲む内部の電流の和に等しい」から $2\pi r \cdot H = I$ となり、磁界は次のようになります。

$$H = \frac{I}{2\pi r} \quad \cdots\cdots\cdots\cdots\cdots\cdots\cdots\cdots\cdots\cdots\cdots\cdots\cdots (5.6)$$

磁界 H は電流 I に比例し、距離 r に反比例します。磁界の距離に対する減衰は $\frac{1}{r}$ となり、ちょうど電荷が線状に分布する状態と同じになります。このことは電流は電荷の変動なので共通性があることになります。磁界を低減するには電流 I を低減させればよいことがわかります。式(5.6)の電流は面積 S をもった導線を流れるので電流密度 $J[\text{A}/\text{m}^2]$ を用いてベクトル記号を使って書き換えると次のようになります。

$$J = \text{rot}\, H \quad \cdots\cdots\cdots\cdots\cdots\cdots\cdots\cdots\cdots\cdots\cdots\cdots (5.7)$$

式(5.7)の意味は電流 J が流れると磁界 H が右回りに回転（rot はベクトル記号で回転を表す）することになります（磁界のエネルギーが生じる）。この J は伝導電流 J_c が流れても変位電流 J_d が流れても式(5.7)によって図5-5(a)のように磁界 H が発生します。変位電流は電圧波形を台形波とすれば $i_d = C \cdot \frac{dV}{dt}$ $\left(J_d = \frac{i_d}{S}\right)$ となるので台形波を微分した波形となります。外部空間の磁界を減少させるには電界と同じように逆向きの磁界を作り出せばよいことがわかります。信号電流や電源回路には意図したノーマルモード電流を流して回路機能を実現しています。いま、**図 5-5(b)** のように逆方向に流れる電流によって生じる外部空間の点 P における磁界 H_p は配線 1 に流れる電流 I からの P 点までの距離によって決まる磁界 H_1（紙面表から紙面裏に向かう方向とその大きさ）、逆向きに電流が流れる配線 2 からの磁界 H_2（紙面裏から紙面表に向かう方向とその大きさ）は相殺され外部の磁界が減少します。線間の距離 d を近づけるほど減少します。このことは外部空間の磁界のエネルギー密度 $\left(\frac{1}{2}\mu H^2 [\text{J}/\text{m}^3]\right)$ が減少することであり、その減少分のエネルギーが配線間の磁界のベクトルが同じ方向となる配線 1 と配線 2 の間の空間に蓄えられることになります（電界も同じ）。通常の信号回路を含めてノーマルモード電流を流すすべての回路、信号ケーブルなどはこのように電流が逆方向でリターンする

5.4 マクスウエル・アンペールの電流法則により磁界 H を最小にする

ために外部の空間に生じる磁界は少なくなります。この効果は配線1と配線2との距離 d が小さいほど大きくなります。理想的な状態は配線1を配線2で包んだ状態（同軸ケーブルやシールドケーブル）が最もよいことになります。

(2) 変位電流（電界の変化による電流）による磁界を低減する方法

　図5-6はプラスの電荷からマイナスの電荷に電気力線（電界）が発生したときに空間を流れる変位電流について説明するためのもので、考え方を簡単にするため幅広の面積 S の金属板が距離 h で対向し、その間に変化する電圧 $\dfrac{dV}{dt}$ が印加されています。**図5-6(a)** では対向する電極間に部品のキャパシタ C を挿入すると電流 i が流れた時間だけ電荷がキャパシタに蓄積されます。キャパシタに蓄積された電荷量 dQ と印加電圧 dV との関係は $dQ = C \cdot dV$ となり、電荷量 dQ は流した電流 i と流した時間 dt によって決まり $dQ = i \cdot dt$ となります。これより印加した電圧 $\dfrac{dV}{dt}$ とキャパシタ C に流れる電流 i の関係は $i = C \cdot$

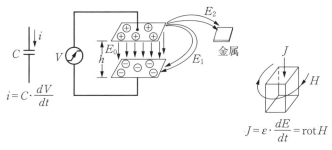

(a) 変位電流の流れ方

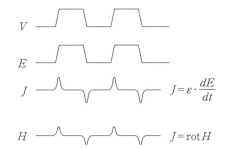

(b) 変位電流と磁界の波形

図5-6　電界 E の変化と変位電流、磁界の波形

第 5 章　電磁気学の原理を用いて波のエネルギーを最小にする

$\frac{dV}{dt}$（この電流がキャパシタ C の内部を流れる変位電流）が得られます。この変位電流が流れると伝導電流と同じようにその周りに磁界が発生します。ノイズ対策では電極間に流れる変位電流（例えば、電極の端から流れ出る）を最大限部品のキャパシタ C に流すことです。こうして電気力線はキャパシタ C に最大限閉じ込められることになります。また、信号電圧の波形の形 $\frac{dV}{dt}$ を最小にすることによって流れる電流を最小にすることができます（磁界最小）。次に同じ形状で部品のキャパシタ C を取り除くと対向する電極間のキャパシタンス C は電極形状と電極間の物質の誘電率 ε によって決まり $C = \varepsilon \cdot \frac{S}{h}$ となるので、変位電流は $i = \varepsilon \cdot \frac{S}{h} \cdot \frac{dV}{dt}$、さらに $\frac{i}{S} = \varepsilon \cdot \frac{1}{h} \cdot \frac{dV}{dt}$ として、変位電流密度 $\frac{i}{S}$ を $J[\text{A/m}^2]$ とおけば、$J = \varepsilon \cdot \frac{1}{h} \cdot \frac{dV}{dt}$ となり次のようになります。

$$J = \varepsilon \cdot \frac{d\left(\frac{V}{h}\right)}{dt}$$

$$= \varepsilon \cdot \frac{dE}{dt} \quad \cdots\cdots\cdots\cdots\cdots\cdots\cdots\cdots\cdots\cdots\cdots\cdots\cdots\cdots\cdots\cdots (5.8)$$

式 (5.8) より面積 S の対向する電極間に流れる電流密度 J は電界の時間変化 $\frac{dE}{dt}$ に比例することになります。このことは電界 E が変化しているところのすべての空間に変位電流が流れることを意味しております（ノイズ対策の難しさがここにあり）。したがって、マクスウエル・アンペールの法則は電界 E の変化が磁界 H を生み出す法則と考えることができます。これに対してファラデーの電磁誘導の法則は磁界 H から電界 E を生み出す法則で逆となります。

この電界の時間変化は電極間に印加する電圧の時間変化 $\frac{dV}{dt}$ に比例するので、電流密度 J を最小にするためには印加電圧の波形 $\frac{dV}{dt}$ を最小にしなければならない。電極間の距離 h を最小にすると変位電流密度 J が最大となる、これは図 5-6(a) の電極の外部の電界 E_{out}（E_1 や E_2）が電極内部に入り込み、変位電流 J の密度が高まることを意味しています。ノイズ対策ではプラス電極とマイナス電極の距離を最小にして変位電流を電極間に密度高く閉じ込めることが必要となります。変位電流 J が流れるとその周りにはアンペールの法則によって磁界 H が電極の周囲に発生します。アンペールの法則は磁界 H に電極の周囲

5.4 マクスウエル・アンペールの電流法則により磁界 H を最小にする

長を掛けたものが電極内部に流れる電流に等しいことから電極の面積が大きいほど周囲長が長いので磁界 H は小さくなります。これを実現したのが幅広の多層基板の電源・GND のプレーンということになります。このように簡易なモデルで考えましたが、実際の電子機器には対向する電極の大きさや距離が様々であるため、電気力線（電界）がどのように流れているかつかみにくく、電気力線あるところに変位電流が流れ、電極近くに金属があるとそこに電気力線が生じてしまう、これが電界結合のクロストークとなり、コモンモードノイズ電流となり、それによる磁界が発生してしまうためノイズ対策が難しくなっています。いつも考えることは電荷の量を少なくする（電界を少なく）、電界を電極間に密度高く、閉じ込めて外部の空間への漏れを最小にすることです。キャパシタに印加する電圧を V として電界 E、変位電流 J、変位電流による磁界 H の波形を示すと**図 5-6(b)** のようになります。

(3) 電磁波（電界波と磁界波）を閉じ込める

波源の大きさ $\dfrac{dV}{dt}$ や $\dfrac{dI}{dt}$ を小さくするには制限や限界があるので、外部空間への漏れを最小にするために、波源及び波の伝搬路で波を閉じ込める構造を考えることが重要となります。電界波と磁界波を図5-4と図5-5(b)の方法によって配線間にエネルギー密度高く閉じ込めることがノイズ対策となります。このためには、ノーマルモード電流が流れる経路の配線をできるだけ短くする、IC の電源ラインと GND ライン、信号ラインと GND（リターン）のプラス電荷とマイナス電荷を近づける、IC 自体を低背でシールドするなどの方法があります。波源からの波は配線にそって伝搬していきます。配線長が長くなると波の閉じ込めが難しくなりますが、逆方向に流れる電流を近づける方法。さらには同軸ケーブルやシールドケーブルのように囲むことで電磁波の漏れを最小にすることができます。

(4) アンペール・マクスウエルの電流の法則

伝導電流 J_c と変位電流 J_d が流れるとその周りに磁界 H が回転する（渦ができる）ことは次のように表せます。

$$\sigma E + \varepsilon \frac{dE}{dt} = \mathrm{rot}\, H \quad \cdots\cdots\cdots\cdots\cdots\cdots\cdots\cdots\cdots\cdots\cdots\cdots (5.9)$$

式(5.9)の単位は［A/m²］となるのでrot H は単位面積当たりの電流の発生効率を表しています。EMCでは左辺の電流密度Jを最小にしなければならない。このことは同じエネルギーなら面積を小さくして電流効率を最大にすることです。外部空間に流れない領域に閉じ込めた変位電流を$J_d(in)$、外部空間に流れる放射ノイズやクロストークノイズとなる変位電流を$J_d(air)$とすれば次のように表すことができます。

$$J_d(in) + J_d(air) = \mathrm{rot}\, H \quad \cdots\cdots\cdots\cdots\cdots\cdots\cdots\cdots\cdots\cdots\cdots\cdots (5.10)$$

これより、外部に放射される磁界を少なくするためには式(5.10)を$[J_d(in)]_{MAX} + [J_d(air)]_{MIN} = \mathrm{rot}\, H$にすればよいことになります。$J_d(in)$を最大にするためには、ノーマルモード電流が流れる構造に変位電流を閉じ込める、コモンモードノイズ電流をPCBと金属筐体に閉じ込める方法などがあります。

5.5 波源（コモンモードノイズ源）とファラデーの自己電磁誘導の法則

ファラデーの自己誘導の法則は自分自身の回路に電流が流れるとその電流による磁力線が回路を貫くとき、この磁力線を打ち消す方向に回路に誘導電流が流れます。この誘導電流は信号電流とは逆向きとなるので、一種の反作用と言えます。また、相互誘導では別の回路に磁力線が貫くとき、回路内には磁力線を妨げる方向に誘導電流が流れます。これが磁力線の結合（磁界結合）によるクロストークとなります。

(1) 自己誘導と相互誘導

ファラデーの電磁誘導の法則は図5-7(a)のように1ターンのコイル1に電圧VとスイッチSを接続した閉ループの回路（負荷は省略）とコイル1の上側の空間に同じ面積Sの1ターンのコイル2を配置したときに、コイル1のスイッチSを閉じて一定の電圧Vまでに到達する時間のみ（波形の立上り時間t_r）、自身のコイル1に電流Iが流れるとコイル1の全面積Sに磁力線ϕ（磁力線の総本数）が上向きに発生します。するとコイル1とコイル2にはこの磁力線の変化を妨げる（逆方向）に電界Eが発生（右回転）します。この電界

5.5 波源（コモンモードノイズ源）とファラデーの自己電磁誘導の法則

は導線がなくても発生します。導線があるとそれに沿って電界が発生します。

したがってコイル1の各辺の長さにこの電界の強さを掛けただけの電圧が生じることになります。この電圧は信号電流を流す電圧 V とは逆方向に発生するので逆起電力 V_r となります。このように自身の回路に逆起電力が発生する現象を自己誘導現象と呼びます。同じように離れたコイル2にも同じようにコイル2を貫く全磁力線数 ϕ の方向と逆方向に電界 E が回転してコイルの各辺には長さと電界の積の電圧が生じます。この現象はお互いに関連するので相互誘導現象と呼ばれます。コイル2の全長を ℓ として、発生する電界を E とすればコイルのループ全体に発生する逆起電力は $V_{r2}=E\cdot\ell[\mathrm{V}]$ となります。これがファラデーの電磁誘導の法則の原理でこれを応用したものが、**図 5-7(b)** に示したトランスです。トランスはコイル1とコイル2の結合を透磁率 μ（真空中の透磁率 μ_0 に比透磁率 μ_r を掛けたもの）が大きい材料を使用した場合、コイル1で発生した磁力線が透磁率 μ の材料に集中するためほとんど磁束を漏れなくコイル2に送ることができます。そのためコイル2にはコイル1と同じ電圧を得ることができます。コイル2で得られる電圧は巻線の長さ（ほぼ巻線

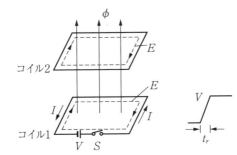

(a) 自己誘導現象と相互誘導現象

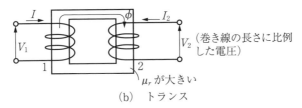

(b) トランス

図 5-7　ファラデーの電磁誘導の法則

数）に比例することになります。図5-7(a)ではコイル2の面積Sを貫く磁力線の総本数はコイル1より少なくなることが考えられます。この図5-7(a)のモデルはコイル1の信号回路からコイル2の信号回路2に磁力線が流れ込み、回路2に不要なノイズ電圧（逆起電力）を発生させてしまうのでクロストークの問題となります。この現象は磁力線結合によってノイズ電圧を発生することになるので、この影響を少なくするためにはコイル1の回路側で発生する磁力線の本数を少なくする、そのためには電圧Vを小さくする、電流の時間変化を少なくする（t_rを長く）、コイル1とコイル2の距離を離す、対向する面積を少なくしてコイル2を貫く磁力線の数を少なくすることです。コイル1の回路で発生する磁力線の密度を高くして（回路を小さく組む）外部回路に流れ込まないようにすることです。

(2) ファラデーの電磁誘導の法則を式で表す

ファラデーの電磁誘導の法則をベクトル記号を用いて表すと次のようになります（マクスウエルの方程式の1つ）。

$$\mu \frac{\partial H}{\partial t} = -\text{rot}\, E \quad \cdots\cdots\cdots\cdots\cdots\cdots\cdots\cdots\cdots\cdots\cdots (5.11)$$

式(5.11)の物理的な意味はある場所（固定）において、その場所に磁界Hが時間的に変化する$\left(\frac{\partial H}{\partial t}\right)$とその場の透磁率$\mu$倍しただけの量の電界$E$[V/m]が磁界の方向に対して垂直面内に左回り（−記号）に回転することを意味しています（**図5-8(a)**）。回転する全長をℓ[m]とおけば、**図5-8(b)**に示すように電界は電圧の勾配なので全長に発生する電圧Vは$V=E\cdot\ell$[V]となります。このことは式(5.11)の両辺の単位は[V/m^2]なので発生領域（面積、回転で発生する周囲長ℓ）を小さくすれば電界Eが小さくなることと同じです。

また、式(5.11)の両辺に磁力線が発生する領域の面積Sを掛けると次のようになります。

$$S \cdot \frac{\partial B}{\partial t} = -(\text{rot}\, E)\cdot S$$

磁力線の密度B（$=\mu H$）に面積Sを掛けると磁力線の総本数ϕとなります。また回転ベクトルrotを面積全体で足し合わせると面積内部の回転はすべて消

5.5 波源（コモンモードノイズ源）とファラデーの自己電磁誘導の法則

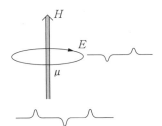

(a) 磁界 H があると電界 E が左回転

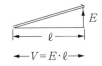

(b) 電界 E により電圧が発生する

図 5-8　ファラデーの電磁誘導の法則

滅し、周辺部のみが残ります。したがって、周辺部の長さに電界を掛けたものは電圧（周辺に電池ができる）となり、次のように表すことができます。

$$\frac{d\phi}{dt} = -(\text{rot}\,E) \cdot S = -E \cdot \ell\,[\text{V}] \quad \cdots\cdots\cdots (5.12)$$

式(5.12)より、逆起電力は $V = -\dfrac{d\phi}{dt} = -L \cdot \dfrac{dI}{dt}$ （$\phi = L \cdot I$）を得ることができます。逆起電力とは電流を流そうとする力（電源）に対する反作用の力と考えることができます。

(3) 波源（コモンモードノイズ源）

図 5-9(a) に示す信号回路において信号源 V_S から信号電流が流れるとファラデーの自己誘導の法則によって回路内には逆起電力 V_r が発生するために信号電流が b 点から負荷を通して c 点まで流れようとすると b-d 間の逆起電力が大きいと、金属部分 M の方に電流 $\left(\text{変位電流}\,J_n = \varepsilon\dfrac{dE}{dt}\right)$ が流れやすくなります。また、信号電流が c 点から d 点にリターンするときに配線 dc 間の逆起電力 V_r があると、信号電流は回路外に i_{nc} となって流れ出します。回路から流れ出した変位電流 J_n と伝導電流 i_{nc} もコモンモードノイズ電流となります。このコモンモードノイズ電流が回路外に流れることにより、信号回路内では図 5-9(b) に示すようにノーマルモード信号のバランスが崩れ、配線 ab 間にコモ

第5章　電磁気学の原理を用いて波のエネルギーを最小にする

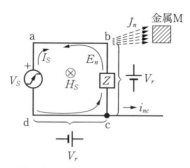

(a)　信号回路に生じる逆起電力

(b)　ノーマルモード成分から
　　コモンモード成分の生成

図5-9　信号回路に生じる逆起電力（波源）

ンモードノイズ電流 i_{nc} が流れる状態となります。このノイズ電流を流す力が逆起電力であり、波源となります。この波源のエネルギーを低減することがEMC性能の向上となります。

　いま、**図5-10(a)** のように金属導体に電界 E が図のような方向に発生すると金属内部の電荷が力を受け電流 I が電界と同じ方向に流れます。電流が流れると導体の周辺には磁界 H が右回りに発生します。金属周辺では電界 E のベクトルと磁界 H のベクトルは直交して電界 E から磁界 H に回した方向が電磁波 P が進む方向なので電界と磁界のエネルギーは金属内部に向かい入り込もうとします。電磁波 P が低周波の場合は、導体の断面積全面に入り込みますが、高周波になると導体の半径が小さくなるほどインダクタンス L が大きくなるので、内部に侵入しにくくなります。したがって、高周波のエネルギーは金属の表面部分にしか存在しなくなります。これが高周波信号が表面付近を流れる理由となります。次に **図5-10(b)** に示すような信号回路においてファラデーの電磁誘導の法則の見方を変えると、回路ループの近傍に発生した逆起電

5.5 波源（コモンモードノイズ源）とファラデーの自己電磁誘導の法則

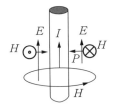

(a) 電磁波は金属に入り込もうとする

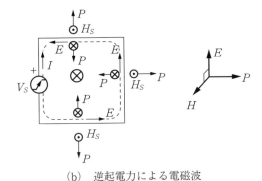

(b) 逆起電力による電磁波

図 5-10 逆起電力は信号エネルギーを回路外に運ぶ力

力による電界 E は信号電流 I によって配線の周辺に発生する磁界 H_S のエネルギーを外部に電磁波 P によって持ち去ります。その理由は、アンペールの法則から信号電流 I による磁界 H_S は配線の周辺に内部には紙面表から裏方向に、回路の外部では紙面裏から表方向に発生します。配線周辺にはファラデーの電磁誘導の法則で電界 E が信号電流とは逆向きに発生するためにこの磁界 H_S と電界 E による電磁波 P は回路内部では回路の中心に向かう電磁波であるが、回路の外部では回路の外側方向に電磁波 P が向かいます（電界と磁界のエネルギーを持ち去る）。そのため回路から電磁波が放射されることになります。このことは信号回路が波源となることです（回路の根本の波源は $\dfrac{dV}{dt}$ である信号の変化部分である）。

(4) EMC 対策

①式(5.7)から磁界の時間的変化 $\dfrac{\partial H}{\partial t}$ を少なくする。そのためには $\dfrac{dI}{dt}$ や $\dfrac{dV}{dt}$ を小さくする。

②式(5.8)から信号回路の面積Sを小さく、回路の周囲長lを短くする。
③電界Eは金属内部には入りにくく、空間に出やすいので、空間よりさらに誘電率εが大きい物質で挟み込むことにより（例：信号配線の内層、同軸構造など）、空間に漏れる量を少なくする。

5.6 ファラデーの相互誘導の法則からイミュニティを強化する

信号回路（**図5-11(a)**）に外部からノイズ磁界H_nが紙面表から裏（記号⊗）に入るとファラデーの電磁誘導の法則から**図5-11(b)**に示すようにノイズ電界E_nが式(5.7)によって左回りに発生します。負荷Zから見た回路の長さをlとすれば、負荷に発生するノイズ電圧は$E_n \cdot l$となるが、磁界だけが侵入するケースは少なく、ノイズ電磁波P_nには電界成分も存在するので、電界E_{n0}による影響も考えなければならない。いま、負荷につながっている配線の長さをl_Zとすれば、この電界E_{n0}によって発生する分$E_{n0} \cdot l_Z$も加わることになり、負荷に発生する最大のノイズ電圧は$V_n = E_n \cdot l + E_{n0} \cdot l_Z$となります。電界$E_{n0}$が逆方向であれば、ノイズ電界$E_n$によって発生するノイズ電圧が$E_{n0} \cdot l_Z$だけ

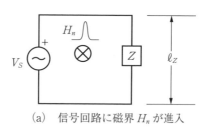

(a) 信号回路に磁界H_nが進入

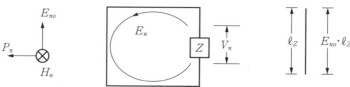

(b) 負荷Zに生じる電界と磁界によるノイズ電圧

図5-11 電磁波受信によるノイズ電圧の発生

低減することになります。このイミュニティもファラデーの電磁誘導の法則によって説明することができます。外部ノイズによる影響を少なくするためには、信号回路の周囲配線長 ℓ 及び負荷の端子間距離を短くすることです。それによって面積が少なくなり外部から回路内部に侵入する総磁力線数（$\phi = B \cdot S$）が少なくなります。

5.7 磁力線は発散しない div *B*=0 から EMC を考える

磁力線は湧き出しがなく閉じたループ（N 極から湧き出し S 極に吸い込まれる）となり、次のように表すことができます。

$$\mathrm{div}\, B = 0 \quad \cdots\cdots\cdots\cdots\cdots\cdots\cdots\cdots\cdots\cdots\cdots\cdots\cdots\cdots (5.13)$$

（$B = \mu H$）

磁束密度 B の単位は [Wb/m^2] なので、単位面積当たりの磁力線の本数を表しております。このことは図 5-12(a) のように N 極に相当する配線から変動する磁界 H が湧き出すと空間を経由して S 極に相当する電極に吸い込まれますが、外部空間にある磁界 H は変動しているために、ファラデーの電磁誘導の法則によって、電界 E を生み出し、電磁波が発生してしまいます。変位電流と同じようにある領域に閉じ込められた磁界ループ（$B(in)$）と空気中に放出された磁界ループ（$B(air)$）を考えると式(5.13)の B は次のように書くことができます。

$$B = B(in) + B(air) \quad \cdots\cdots\cdots\cdots\cdots\cdots\cdots\cdots\cdots\cdots (5.14)$$

● EMI 対策では磁力線の密度 $B(in)$ を大きくして、閉ループの長さを最小にする。

ここで放射ノイズを低減するためには、回路外部の $B(air)$ を最小にして、回路内部の $B(in)$ を最大にすることです。このことは磁力線の閉ループの長さを最小にして空間に広げないことです。信号電流（ノーマルモード）が流れる配線の距離を近づけると回路内部の磁力線の密度 B は高くなります（$B(in)$ が最大）。図 5-12(b) にはノイズ電流 i_n が流れる経路にフェライトビーズやフェライトコア、コモンモードチョークコイルを挿入すると、磁力線 H_n のループ

第5章　電磁気学の原理を用いて波のエネルギーを最小にする

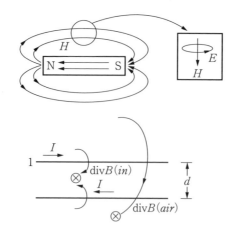

(a)　配線内部の B を高める（ノーマルモード電流）

(b)　磁力線を閉じ込める（小さなループへ）

図5-12　磁力線 B の密度を高める

は透磁率（比透磁率 μ_r）が高いコア内部に集まり、磁力線密度 B は最も大きくなります。そのため空間に出る磁力線を磁性材料に多く集めて $B(in)$ を最大にすることができます。こうしてノイズ電流 i_n による磁力線のエネルギー $\left(\frac{1}{2}\mu H_n^2 [\mathrm{J/m^3}]\right)$ は磁性材料の内部を磁化するエネルギーとして消費されます。

　イミュニティでは EMI 対策をしておけば、外部より侵入する磁力線の本数（ノイズ）が最小となるので誘起されるノイズ電圧は最小となる。回路を小さくすることによって信号電流による磁力線のエネルギー密度を高くすることができ（信号波のエネルギー密度を高くでき）、外部のノイズ波が跳ね返され回路内部に侵入しにくくなります。

5.8 電磁波の速度と波動インピーダンス

（1）電磁波の生成
電磁波は次の電磁気学の現象によって発生します。

①電圧の変動が電荷の変動 $\left(\dfrac{dQ}{dt} = C \cdot \dfrac{dV}{dt}\right)$ を生み出す。

②電荷の変動 ρ が電界 E を生み出す $\left(\dfrac{\rho}{\varepsilon} = \text{div}\, E\right)$。

③電界 E から変位電流 $J = \varepsilon \cdot \dfrac{dE}{dt}$ が流れる。

④変位電流 J から磁界 $J = \text{rot}\, H$ が生じる。

⑤磁界 H から電界の回転 $-\mu \cdot \dfrac{\partial H}{\partial t} = \text{rot}\, E$ が生じる（③に戻り、繰り返す）。

つまり、電界から磁界、磁界から電界と繰り返す。発生する電界波と磁界波はともに波動方程式を満たす。

（2）電磁波の波動方程式（1次元）から速度を求める
いま、電界 E が x 軸方向に、磁界 H が y 軸方向に変位して z 軸方向に速度 v で進む電磁波（図1-8(b)）の波動方程式は次のような2次の偏微分方程式で表すことができます。

$$\frac{\partial^2 E_x}{\partial z^2} = \frac{1}{v^2} \cdot \frac{\partial^2 E_x}{\partial t^2} \quad \cdots\cdots\cdots (5.15)$$

$$\frac{\partial^2 H_y}{\partial z^2} = \frac{1}{v^2} \cdot \frac{\partial^2 H_y}{\partial t^2} \quad \cdots\cdots\cdots (5.16)$$

ここで、$E_x = E_0 \sin(\omega t - kz)\,(\omega = k \cdot v)$ とおき、式(5.15)に代入すると $kH_0 = \varepsilon \omega E_0$ が得られ、$\omega = k \cdot v$ より次のようになります。

$$H_0 = \varepsilon v E_0 \quad \cdots\cdots\cdots (5.17)$$

次に、$H_y = H_0 \sin(\omega t - kz)$ とおき、式(5.16)に代入すると $kE_0 = \mu \omega H_0$ が得られ、$\omega = k \cdot v$ より次のようになります。

$$E_0 = \mu v H_0 \quad \cdots\cdots\cdots (5.18)$$

式(5.17)と式(5.18)から電磁波の速度は $v = \dfrac{1}{\sqrt{\varepsilon \mu}}$ となります。これより速度 v は電磁波が進む媒質の誘電率 $\varepsilon = \varepsilon_r \cdot \varepsilon_0$ と透磁率 $\mu = \mu_r \cdot \mu_0$ によって決まり

ます。電磁波が空気中や真空中を進むときには $\varepsilon_r=1$、$\mu_r=1$ なので誘電率 $\varepsilon_0 = \frac{1}{36\pi} \times 10^{-9}$ [F/m]、透磁率 $\mu_0 = 4\pi \times 10^{-7}$ [H/m] のみによって決まり、$v_0 = \frac{1}{\sqrt{\varepsilon_0 \mu_0}} = 3.0 \times 10^8$ [m/s] となります。プリント基板のような誘電体を進むときには、$v = \frac{v_0}{\sqrt{\varepsilon_k}}$ で表せ、ε_k は実効誘電率で、すべて誘電体 ε_r で囲まれているときに $\varepsilon_k = \varepsilon_r$ となります。

(3) 電磁波の波動インピーダンス

電磁波の波動インピーダンスは $Z = \frac{E}{H}$ [Ω] によって求めることができるので式(5.17)と式(5.18)から $Z = \frac{E_0}{H_0} = \sqrt{\frac{\mu}{\varepsilon}}$、空気中であれば $Z = \sqrt{\frac{\mu_0}{\varepsilon_0}} = 120\pi\Omega$ (377Ω)、誘電体 ε_r であれば $Z = \frac{120\pi}{\sqrt{\varepsilon_r}}$ となります。

第6章

アンテナから波が放射（受信）されるしくみ

　アンテナとは電磁波を最も効率よく放射する回路・構造であり、ある程度の長さの配線が存在すればアンテナとして動作することになります。このことはアンテナに供給された電力（エネルギー）が周辺の場を変化させ電界の波と磁界の波を作ることです。そのためにはアンテナに大きな振幅の波の周波数が存在しなければならない。また、アンテナから放射される電力はアンテナの形状・構造と流れる電流によって決まるのでノイズ対策ではアンテナに流れる電流を最小にしなければならない。通信のためのアンテナの原理は、アンテナ構造（$L-M$）に最大の電力を送ること、そのためにはインダクタンスLを最適構造（放射効率最大）に、リターンする電流との結合を示す相互インダクタンスMを最小にして、高周波電流$\frac{dI}{dt}$を最大にしなければならない。これに対してEMC性能をよくするためには通信とは逆でアンテナ構造（$L-M$）のインダクタンスLを最小（最適化を含めて放射効率を最小）に、相互インダクタンスMを最大にして、高周波電流$\frac{dI}{dt}$を最小にしなければならない。アンテナの原理を知り、放射効率を最小にする方法を理解することが重要です。

6-1
電界波と磁界波を作り出す力

(1) アンテナに働く力

　アンテナから電磁波を放射させるためには波源となる高周波電圧源Vと電流を流すための長さのある導線が必要です。この電流には金属を流れる伝導電流と空気中を流れる変位電流があり、どちらの電流が流れてもアンペールの法則により磁界Hが発生します。電磁波の放射メカニズムは**図6-1(a)**に示すよ

第6章　アンテナから波が放射（受信）されるしくみ

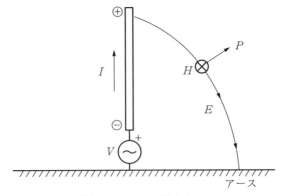

(a)　アンテナに働く力 P

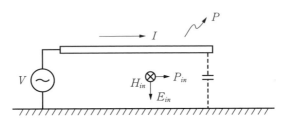

(b)　EMCではアンテナに働く力を弱くする

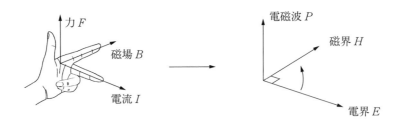

(c)　フレミングの左手の法則と電界と磁界のベクトル

図 6-1　アンテナから電磁波を放射する力

うに高周波電圧源 V が印加されると金属内の電子が引き付けられ導線の下側に集まり、上端部にはプラスの電荷が多くなります。電界は導線とアース間に放射状に発生します。また導線には電界の移動に伴い電流が流れるので磁界 H は右回りの方向（⊗）に生じます。その結果、電磁波のエネルギーの方向

6.1 電界波と磁界波を作り出す力

は電界 E と磁界 H のベクトルの外積となり、外部 P に向かいます。電磁波は変位電流による磁界 H の発生 $\left(J = \varepsilon \cdot \dfrac{dE}{dt} = \mathrm{rot}\,H\right)$ とファラデーの電磁誘導の法則による磁界 H から電界 E の発生 $\left(\mu \cdot \dfrac{\partial H}{\partial t} = -\mathrm{rot}\,E\right)$ によって生成され伝搬します。こうして電界波と磁界波が同時に発生して電磁波が導線から放射されることになります。

(2) ノイズ対策：アンテナの力を弱くする

EMC ではアンテナからの放射効率を悪くする、そのためには高周波源 V のレベルを小さくする。電流 I を少なくする（フィルタによって高周波の電流を流さないようにする）。高周波信号電流の波長に比べて導線の長さを短くする（波の振幅が小さくなります）。

次に、この導線をアース（導体）に近づけたものが信号回路（信号とそのリターン）と同じになり放射は少なくなります（**図 6-1(b)**）。この場合は導線及び先端部からアースまでの距離は非常に短いためにかなりの電流はアースに流れてしまうため狭い空間に電磁波が閉じ込められた電磁波 P_{in} が多くなり、アンテナから外部に放射される電磁波 P は少なくなります。この傾向は導線とアース間の距離が短いほど大きくなります。

図 6-1(a) を電流の流れ方で見ると、信号源の近くでは導線に流れる電流の波は最大となるが、先端部ではインピーダンスが高い（理想的なオープンに近い）ために電流が逆位相で反射するので入射波と反射波の合計はゼロとなり $\dfrac{\lambda}{4}$ の電流定在波ができて波のエネルギーが最大となります。

図 6-1(c) はフレミングの法則を示したもので、電流 I が流れている導線を磁界 B（$= \mu H$）の中に置くと導線は電流 I から磁界 B の方向に右回りした親指の方向に力 F を受けます。このことは電界 E が働くことによって電流が流れるので、電流 I の方向を電界 E のベクトルに置き換えると電界 E から磁界 H の方向にベクトルを回転すると電磁波（力 P）が生じる方向となります。このことはフレミングの左手の法則は電界 E と磁界 H によって電磁波 P が生じることと同じ法則性とみなすことができます。

図 6-2(a) は効率のよいアンテナで信号源からの波（電圧波と電流波）はア

125

第6章　アンテナから波が放射（受信）されるしくみ

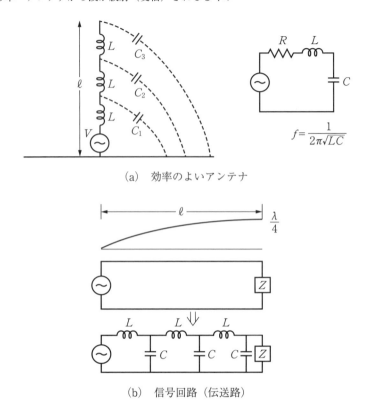

(a) 効率のよいアンテナ

(b) 信号回路（伝送路）

図 6-2　効率のよいアンテナと効率の悪い信号回路

ンテナ先端部で反射して定在波を作り、その振幅は最大になり、その周波数のエネルギーは最大となります。図 6-2(a) の LC 回路はアンテナを等価的なインダクタンス L とキャパシタンス C で表した直列共振回路で電流が最大に流れる周波数は $f = \dfrac{1}{2\pi\sqrt{LC}}$ となります。このような効率のよいアンテナを作ると EMC 性能（エミッションとイミュニティ）が悪くなるので、**図 6-2(b)** に示すような信号伝送回路を作り、変位電流を信号のリターンである GND にできるだけ多く流すようにすることです。いま、長さ ℓ の信号回路に生じる $\dfrac{\lambda}{4}$ の定在波によって発生した電磁波は GND パターンがあるために信号線とそのリターンが近づくほど（アンテナに金属が近づいた状態）電磁波として放射する効率が悪くなり図 6-2(a) に比べて EMC 性能はよくなります。信号回路は

6.2 電磁波を効率よく放射するアンテナはどこに存在するのか

負荷に最大のエネルギー（電磁波）を送るためにあり、アンテナは指向性を含めて空間に最大のエネルギーを送るためにあります。信号回路とアンテナの違いはここにあります。

6.2 電磁波を効率よく放射するアンテナはどこに存在するのか

(1) 電子機器に生じるアンテナには

電子機器に生じるアンテナには図 6-3(a)のように回路ループに信号を加え、ノーマルモード電流を流すことによって生じるループアンテナ（1 波長ループアンテナ）ができます。このアンテナはすべてループを形成する信号回路に生

(a) ループアンテナ（1 波長ループアンテナ）

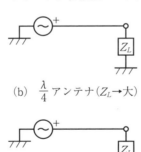

(b) $\frac{\lambda}{4}$ アンテナ（$Z_L \rightarrow$ 大）

(c) $\frac{\lambda}{4}$ アンテナ（$Z_L \rightarrow$ 小）

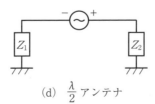

(d) $\frac{\lambda}{2}$ アンテナ

図 6-3　電子機器に作られるアンテナ

じることになります。ループアンテナのエネルギーを最小にするための方法はループの面積を小さくすることです（第10章10.8(4)参照）。次に図6-3(b)や図6-3(c)のように信号回路の特性インピーダンスに比べて負荷Z_Lのインピーダンスが極めて大きい場合と極めて小さい場合のいずれの場合にも定在波が生じ$\frac{\lambda}{4}$アンテナとなります。このアンテナは図6-3(a)に示すループ回路に流れる信号電流を回路外に流す力（逆起電力）であるコモンモードノイズ源$\left(V_n = (L-M)\cdot\frac{dI}{dt}\right)$によって形成される$\frac{\lambda}{4}$モノポールアンテナと同じになります。次に図6-3(d)に示すように信号源の両側に長さがある場合は片側が$\frac{\lambda}{4}$アンテナ、もう片側が$\frac{\lambda}{4}$アンテナとなるので合わせて$\frac{\lambda}{2}$アンテナとなります。このように電子機器内の回路または金属導体の長さ（筐体を含む）に波を生じるときが、エネルギーを持つアンテナとなって電磁波を放射することになります。

6.3 定在波による放射

進行波と反射波によって生じる図6-4に示す定在波はそれぞれの位置x_0からx_4の位置では振幅がゼロとなり、振幅が最大と最小となる位置も固定しているのでそれぞれの位置における波の位相が変化していないことです。このような定在波は伝送路から電磁波となって放射されることになります。

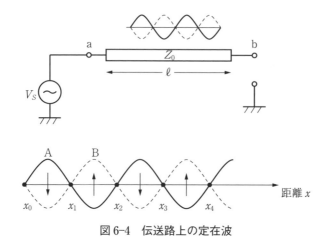

図6-4　伝送路上の定在波

(1) 電圧波によって電界波 E が生じる

アンテナとして働くためにはアンテナに生じた波がエネルギーを持つことである。そのためにはアンテナに最大振幅の電圧波や電流波による定在波を発生するようにすればよいことになります。いま、**図 6-5(a)** には信号源 1 から電圧波 V_0 が速度 v で長さ ℓ 導線上を伝搬して先端部 2 に時間 τ 後に到達すると先端部はオープンでインピーダンスが極めて大きいため電圧波は全反射して大きさ V_0 のまま送信端 1 に向けて進みます。送信端 1 ではインピーダンスが最も小さいため逆位相（180 度）で反射して先端部 2（合成波の大きさはゼロ）に向かいます。さらに先端部 2 で反射して送信端 1 に向かう。この反射を繰り返すと**図 6-5(b)** に示すように長さ ℓ の導線上には往復するごとに大きさ $2V_0$（最大振幅）の正負の電圧定在波が発生します。こうして長さ ℓ の導線上には電圧波が発生して周辺に電気的に力を及ぼす電界波 E が発生します。これが

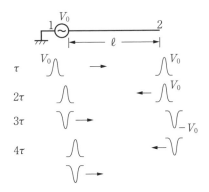

(a) 長さ ℓ を往復する電圧波

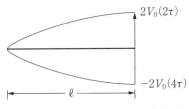

(b) アンテナに生じる電圧定在波

図 6-5　アンテナに生じる電圧定在波

電界型アンテナの基礎となります。長さ ℓ が高調波を含めた $\frac{\lambda}{4}(2n-1)$ の波に等しいときの周波数で最大のエネルギーを持つことになります。

(2) 電流の定在波によって磁界波 H が生じる

図 6-6(a) には信号源 1 から電流波 I_0 が速度 v で長さ ℓ の導線上を伝搬して先端部 2 に到達すると先端部はオープンでインピーダンスが極めて大きいため電流波は逆位相で全反射して（合成波の大きさはゼロ）大きさ $-I_0$ の波が送信端 1 に向かって進みます。送信端 1 ではインピーダンスが最も小さいために同位相で反射して（合成した波の大きさは $2I_0$）先端部 2 に向かいます。さらに先端部 2 で反射して送信端 1 に向かう。この反射を繰り返すと図 6-6(b) に示すように長さ ℓ の導線上には往復するごとに大きさ $2I_0$（最大振幅）の正負の電流定在波が発生します。この電流の定在波が最大のエネルギーを持つのは長さ ℓ が高調波を含めた $\frac{\lambda}{4}(2n-1)$ に等しいときの周波数となります。こうして長さ ℓ の導線上には電流波が発生して周辺に磁界波 H が発生します。

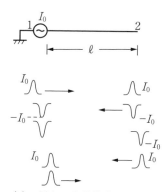

(a) 長さ ℓ を往復する電流波

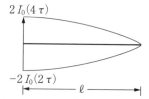

(b) アンテナに生じる電流定在波

図 6-6 アンテナに生じる電流定在波

(3) 定在波によって生じる $\frac{\lambda}{2}$ アンテナ

図6-7は定在波によって $\frac{\lambda}{2}$ アンテナが生じる状況を示しています。**図6-7(a)** には信号源の両端がオープンとなっているときには、中央で励振された電圧波は左右に分かれて進み両端部で同じ波の大きさ（同位相）で反射して、電流波は逆位相となって反射（先端部で大きさゼロ）するために電圧波 V と電流波 I の定在波は**図6-7(b)** のように分布します。信号源の左側では信号の極性が反対となるために電圧波はマイナスで電流は信号源で最大振幅となります。次に**図6-7(c)** のように信号源の両端部のインピーダンスが極めて小さくショート状態のときには、電圧波は信号の両端部で逆位相で反射して（合成波の大きさはゼロ）、電流波は同位相で反射するために電圧と電流の定在波は**図6-7(d)** のように分布します。いづれのケースでも長さ ℓ の導線に $\frac{\lambda}{2}$ の電圧波と電流波が分布する状況となります。したがって、放射される電磁波の周波数は長

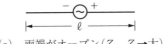

(a) 両端がオープン（Z_1、$Z_2 \to$ 大）

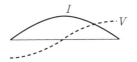

(b) 電圧 V と電流 I の定在波

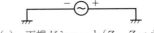

(c) 両端がショート（Z_1、$Z_2 \to$ 小）

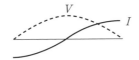

(d) 電圧 V と電流 I の定在波

図6-7 定在波による $\frac{\lambda}{2}$ アンテナ

さ ℓ が $\frac{\lambda}{2}(2n-1)$ ($n=1,2,3,\cdots$) に等しいときが最大となります。信号源の片側から見ると $\frac{\lambda}{4}$ となりますので、$\frac{\lambda}{2}$ アンテナと $\frac{\lambda}{4}$ アンテナが等価であることがわかります。このような定在波がプリント基板、ケーブル、筐体などに生じて電磁波を効率よく放射するアンテナとなります。定在波を作らないためにはインピーダンスマッチングをすればよいが、信号回路やケーブルでは可能であるが、その他のケースでは難しいことがあります。また配線や金属部分を短くすればよいが、これもすべて実施するのは難しくなります。信号源の大きさを小さくする、高周波成分をLPFフィルタなど使うことにより低減する、定在波を閉じ込めるなどの方法をとることは可能となるが、すべてというわけにはいかない。

6.4
定在波による共振特性、共振のダンピング

図6-8(a)のように、電流定在波のb点を振幅ゼロの基準とすれば、b点から配線の長さℓがちょうど定在波の振幅の最大値に等しい $\frac{\lambda}{4}$ の距離を基本として、配線の長さが $\frac{\lambda}{4}+\frac{\lambda}{2}=3\cdot\frac{\lambda}{4}$ に等しいとき、$\frac{\lambda}{4}+\lambda=5\cdot\frac{\lambda}{4}$ に等しいとき、つまり $\frac{\lambda}{4}$ の奇数倍になったときに配線から電磁波が最大に放射されます。このとき配線長ℓが $\frac{\lambda}{4}$ に等しいときの基本共振周波数は $(f_r)_{分布}=\frac{1}{2\pi\sqrt{LC}}$ (式(4.11)) となります。定在波による共振周波数のスペクトルを表すと**図6-8(b)**のようになり、f_1, f_3, f_5, f_7、(とびとびの周波数) でエネルギーが最大となります。これらの定在波をなくすためにはインピーダンスマッチングをすればよいことになります。

6.5
1波長ループアンテナからの放射とその最小化

図6-9(a)は伝送路を流れる電流の進行波で、信号を送る配線1と信号がリターンする配線2、配線1の波に対して配線2に生じる波の位相は逆で (180度異なり)、大きさが等しい。配線1と配線2に分布する信号電流の波が**図6-**

6.5 1波長ループアンテナからの放射とその最小化

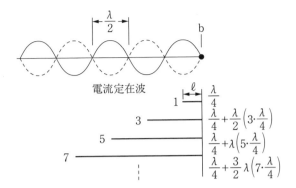

(a) 配線長と定在波との関係

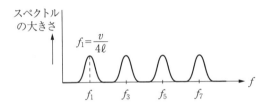

(b) 定在波の周波数特性(共振周波数)

図 6-8 定在波による電磁波の放射

9(b)のようにちょうどその波長が $\frac{\lambda}{2}$ の大きさに分布すると、配線1の中央のA点と配線2の中央の点Bがともに波の振幅がゼロとなります。このとき信号源から見ると $\frac{\lambda}{2}$ の波がA点とB点の間に発生します。また、同時にA点とB点からショートしてある負荷側を見ると負荷では電流の振幅が最大となっています。このため負荷(図ではショート)とA点とB点の間にも同じく $\frac{\lambda}{2}$ の電流波が発生します。したがって、信号配線のループの長さが電流波の λ に等しいときには図6-9(b)のように2本の $\frac{\lambda}{2}$ アンテナが生じることになります。こうして信号伝送路が1波長アンテナとなってループ長が λ に等しい周波数の電磁波が効率よく放射されることになります。したがって、1波長ループアンテナからの放射効率を悪くするためには信号配線のループ長を λ に比べて極めて小さくすることが必要となります。

第6章　アンテナから波が放射（受信）されるしくみ

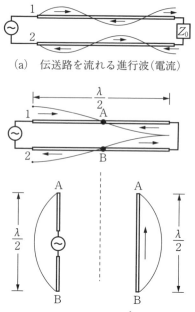

(a) 伝送路を流れる進行波（電流）

(b) 1波長ループアンテナ（2本の$\frac{\lambda}{2}$モノポールアンテナ）

図6-9　進行波によって生じる1波長ループアンテナ

6.6 スロットアンテナからの放射とその最小化

　プリント基板のGNDの分離や電源を分離するためのスリット（空隙）、電子機器や電気機器には筐体やフレームに放熱のための通気孔としてスリットが設けられることが多い。これらのスリットには**図6-10(a)**に示すようにスリット間に電位差が生じます。この電位差が生じるとスリット間には電界Eが生じて変位電流$J = \varepsilon \frac{dE}{dt}$が流れます。変位電流$J$が流れるとその周辺には磁界$H$（$J = \mathrm{rot}\, H$）が発生します。次に**図6-10(b)**のようにスリットの長手方向に電位が生じるとスリットには両端が金属でショートされているため、中央が最大となる$\frac{\lambda}{2}$の電圧定在波が生じます。また、スリットの両端はショートのために同様に$\frac{\lambda}{2}$の電流定在波も生じます。いま、スリットの寸法をℓとすれば、

6.6 スロットアンテナからの放射とその最小化

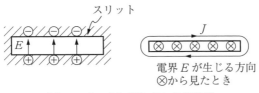

(a) スリットに印加される電位差

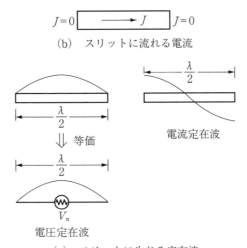

(b) スリットに流れる電流

(c) スリットに生じる定在波

図6-10 スリットは $\frac{1}{2}\lambda$ モノポールアンテナ

最大に放射される電磁波は $\ell = \frac{\lambda}{2}$ のときなので周波数は $f = \frac{v}{\lambda} = \frac{v}{2\ell}$ ($v = 3.0 \times 10^8$ m/s) となります。

このようにしてスリットは $\frac{\lambda}{2}$ アンテナとなり効率よく電磁波を放射することになります。このアンテナからの放射される電磁波を最小にするためには、

- スリット間に印加される電位差 V_n を最小にする。
- スリットの間隔（波長方向）を短くして放射エネルギーを小さくする、放射される電磁波の周波数を高くする（測定対域外）。小さな矩形の穴や小さな丸穴など。
- スリットの近くに金属板を置いてアンテナの放射能力を低下させる。

6.7 パッチアンテナからの放射とその最小化

図 6-11(a) にあるように水平 x 方向（長さ ℓ）、垂直 y 方向（幅 w）ともに比較的面積の大きなパターン A があり（中心の位置が P 点）、その下に GND のような面積の広いパターンがあるケースはよく見られます。電源パターンと GND パターン、さらには PCB の GND パターンと筐体（フレームやシャーシなど）などが該当します。パターンの両端は GND に対してオープンとなっているために生じる電圧波と電流波の定在波は図 6-11(b) のように中央 P 点の左側では電界 E の方向は下の GND パターンから上のパターンに向かって電流が流れ、P 点の右側では上のパターンから下の GND パターンに向かって電界 E が生じて電流が流れます。いま、x 軸方向について考えると長さ ℓ には $\frac{\lambda}{2}$ の定在波が生じるのでパターン A がアンテナとなって電磁波が放射されます。y 方向も同様に考えることができます。こうしたパッチアンテナからの放射効率を悪くするには、波源のエネルギーを最小にする、パターンの長さを短くする（面積を小さく）、上下のパターンを接近させるなどの方法があります。

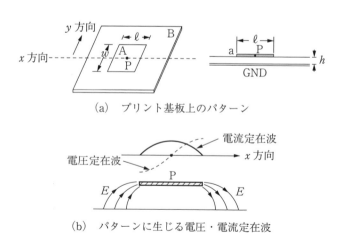

(a) プリント基板上のパターン

(b) パターンに生じる電圧・電流定在波

図 6-11 平板間に生じるアンテナ（パッチアンテナ）

6.8
受信する波のエネルギーを最小にする

　回路が電磁波を受信したとき機能の低下や誤動作が生じる現象について、電界波を受信する場合と磁界波を受信する場合について考えます。

　図6-12(a)のように電界波 E_n[V/m] を受信する場合、受信する対象の長さ ℓ が長いほど受信したときのノイズ電圧 $V_n = E_n \cdot \ell$[V] は大きくなります。したがって、受信したときのノイズ電圧を小さくするには波の影響を受ける長さを最小にすることです。IC入力であれば、入力端子とGND間の距離、部品の負荷であれば部品以外の不要の配線の長さを最小にする必要があります。このように電界は長さによって影響を大きく受けます。

　一方、磁界波 H_n[A/m] を受信すると回路ループにはファラデーの電磁誘導の法則によって**図6-12(b)**のように電界 E_n[V/m] が回転して発生するので負荷 Z からみたループの長さを ℓ_{ab} とすれば負荷 Z には $V_n = E_n \cdot \ell_{ab}$[V] のノ

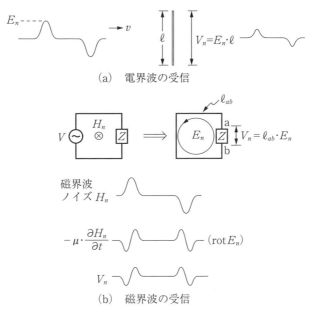

図6-12　電界波ノイズと磁界波ノイズの受信

イズ電圧が発生することになります。負荷には電界波を受けたときにノイズ電圧と磁界波を受けたときのノイズ電圧が加算されることになります。電界と磁界の方向によって大きくなったり、小さくなったりします。電界波によるノイズ電圧の波形と磁界波によるノイズ電圧の波形は異なることになります（同図(a)のE_nと(b)のV_nの波形）。

これより受信回路においては受信効率を最小にするためには、配線の長さ、ループの長さを最小にすることです。このことはアンテナの放射効率を最小にすることと同じになり、アンテナの双対性が成り立つことになります。

6.9
電磁波のインピーダンスは何を意味するのか

電磁波のインピーダンス$Z[\Omega]$は電界$E[V/m]$を磁界$H[A/m]$で割ることによって得られ、$Z = \dfrac{E}{H}[\Omega]$となります。電磁波の波源の振動から**図6-13(a)**に示すように波が球面状の形（球面波）をしており、波源から離れるに従って波面の位相が緩やかなカーブとなる準平面波となり、さらに距離が離れると位相がそろった平面波となります。波源からの距離に対する球面波、準平面波、平面波のインピーダンス特性は**図6-13(b)**に示したようになります。球面波から準平面波の領域にはインピーダンスの高い電磁波Aとインピーダンスが低い電磁波Bがあります。インピーダンスが高い電磁波Aの特性は電界Eが磁界Hに比べて大きい状態、これにはダイポールアンテナ（先端が開放の$\dfrac{\lambda}{2}$アンテナや$\dfrac{\lambda}{4}$アンテナ）が該当します。これに対してインピーダンスが低い電磁波Bの特性は電界に比べて磁界が大きいので電流が多く流れるループアンテナから放射される電磁波が該当します。横軸は放射源（波源）からの距離を数値で示していますが、この数値に$\dfrac{\lambda}{2\pi}$を掛けたものが実際の距離となります。このため波源の波長によって実際の距離は異なることになります。いま、波源からの距離rが2となる位置、つまり$\dfrac{\lambda}{\pi}\left(=2\times\dfrac{\lambda}{2\pi}\right)$に相当する距離以上では電磁波のインピーダンスは$\dfrac{E}{H}=120\pi \approx 377[\Omega]$で一定となります。EMC測定ではこのインピーダンスが一定となる領域の周波数で放射される電力を測定しています（電界Eを測定すれば磁界Hが計算できる）。電子機器

6.9 電磁波のインピーダンスは何を意味するのか

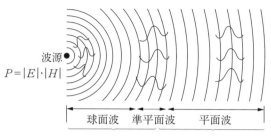

(a) 波源から伝搬する波

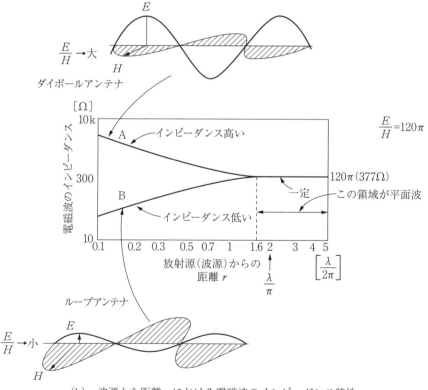

(b) 波源から距離 r における電磁波のインピーダンス特性

図 6-13 電磁波のインピーダンス特性

第6章　アンテナから波が放射（受信）されるしくみ

では波源から近いところや遠い場合もあるので周波数によってインピーダンスは大きいとき、小さいときなどさまざまです。EMIで測定する領域は平面波の領域であり、通信の電波を遠方で受信するのも平面波の領域で同じであるが電子機器から影響を受けたり、または電子機器内部での相互干渉（イミュニティ）は平面波領域に限らない、この点がノイズの問題と通信では異なります。

6.10
アンテナの放射効率を表す放射抵抗

（1）放射抵抗とは

アンテナに $I[A]$ の電流を流したときの放射電力が $P_r[W]$ のとき放射抵抗 R_r は次のようになります。

$$R_r = \frac{P_r}{I^2} [\Omega]$$

この放射抵抗は放射の大きさの目安を示すものです。つまり、放射抵抗はアンテナから放射されるエネルギーの大きさを示していることになります。アンテナ設計ではこの放射抵抗が大きいほど、たくさんの電力をアンテナから効率よく放射することができます。

図6-14は電子回路、電子機器で形成されるいくつかの代表的なアンテナから放射される電力をまとめたもので、微小ダイポールアンテナ（**図6-14(a)**、配線間に電界が印加される、小さなギャップに高電圧が印加されるなど）からの放射電力 $P_r[W]$ は $P_r = 80\pi^2 \cdot I^2 \cdot \left(\frac{\ell}{\lambda}\right)^2 [W]$ となるので放射抵抗 R_r は次の式で表すことができます。

$$R_r = 80\pi^2 \cdot \left(\frac{\ell}{\lambda}\right)^2 [\Omega] \quad \cdots\cdots (6.1)$$

ループアンテナ（**図6-14(b)**、ノーマルモード電流が流れる信号回路、漏れ電流がループとなって流れる経路等）から放射される放射電力は $P_r = 31.70 \cdot I^2 \cdot \left(\frac{S}{\lambda^2}\right)^2 [W]$（$S$はループの面積）となるので、放射抵抗は次のようになります。

6.10 アンテナの放射効率を表す放射抵抗

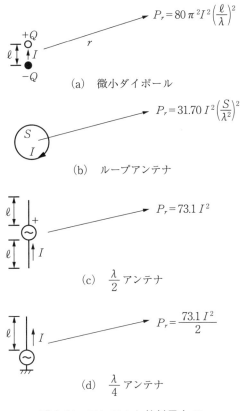

図 6-14　アンテナと放射電力 P_r

$$R_r = 31.70 \cdot \left(\frac{S}{\lambda^2}\right)^2 [\Omega] \quad \cdots\cdots\cdots\cdots\cdots\cdots\cdots\cdots\cdots\cdots\cdots\cdots\cdots\cdots\cdots\cdots\cdots\cdots (6.2)$$

　放射抵抗は波長に対する面積 S の2乗で決まることがわかります。$\frac{\lambda}{2}$ アンテナ（**図 6-14(c)**）から放射される放射電力は $P_r = 73.1 \cdot I^2 [\mathrm{W}]$ なので放射抵抗 R_r は 73.1[Ω] となります。**図 6-14(d)** に示す $\frac{\lambda}{4}$ アンテナでは放射電力が $\frac{\lambda}{2}$ アンテナの半分となるので、放射抵抗 R_r も半分になり 36.5[Ω] となります。

（2）EMC では放射抵抗を最小にする

　波源の大きさを小さくしてエネルギーを下げることは言うまでもないが、EMC ではエミッションとイミュニティともに放射効率を悪くしないといけな

い、そのためには放射抵抗 R_r を最小にすることを考えなければならない。式 (6.1) より、放射抵抗は波長に対するアンテナの長さの比 $\frac{\ell}{\lambda}$ の2乗に比例しているので波長に対する長さを半分にすれば放射抵抗は $\frac{1}{4}$ に低下します。アンテナの放射効率は波長に対する長さの比によって大きく影響することになります。ループアンテナにおいて式 (6.2) から放射抵抗を最小とするためには波長に対してループの面積 S を小さくすればよいことになります。同じアンテナを作るなら $\frac{\lambda}{2}$ アンテナより $\frac{\lambda}{4}$ アンテナの方が放射抵抗が小さくてよいことになります。このことは2本の配線による信号伝送より、2本のうち1本のリターンを幅広くする方がよいのと同じです。

第7章

波をシールドするメカニズム、シールド性能を最大にするには

　EMCではノイズ源からの波をシールドして外部に漏れないようにすること、及び外部からの波が電子回路に侵入して誤動作やS/N劣化が起こらないようにするためにはシールドをしなければならない。ここでは電磁波を電界波と磁界波に分け、それぞれの波に対してシールドのメカニズムを明らかにしてシールド性能を最大にするためには何をすればよいかを求めることにあります。金属材料を用いてシールド性能を上げるためには、金属の表面で波を最大に反射させて金属内部に侵入する波のレベルを最小にする。金属内部に侵入した波を最大に減衰させる。電波吸収体を用いてシールド性能を上げるには、電磁波の波動インピーダンスに等しいインピーダンスのシールド材を用いて電磁波のエネルギーを熱エネルギーに変える。この場合は電磁波の波動インピーダンスが変化しない領域を使用しなければならないという制約がある。この章では金属材料に限定したシールドのメカニズムを扱います。

7.1
電界波に対するシールドのメカニズム

　図7-1は電界波が金属材料に照射されたときの作用を示しています。いま、図7-1(a)のように電界E_iが金属面と平行に振動して入射する場合、金属表面に電界が作用すると電子はクーロン力を受け電界の方向と逆の方向に、移動して$J=\sigma E_i$の電流が流れます。その結果、金属の中にはプラスの電荷からマイナスの電荷に向かって入射とは逆方向の電界E_rが生じます。金属表面ではこの電界E_rが入射する電界E_iを打ち消して金属内に電界波が侵入できないことになります。この打消しを最大（反射損失を最大）にするためにはシールド材

第 7 章　波をシールドするメカニズム、シールド性能を最大にするには

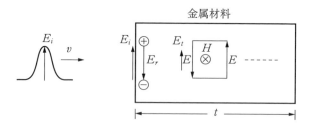

(a) 電界波 E が金属表面に平行に入射

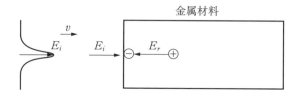

(b) 電界波 E が金属表面に垂直に入射

図 7-1　電界波が金属に入射したときのメカニズム

の電気伝導度 $\sigma = \dfrac{1}{\rho}$ は最大（抵抗率 ρ は最小）、つまり電子が抵抗なく速く移動できなければならない。入射波 E_i と反射波 E_r の大きさと位相が一致したときに合成した電界成分がゼロとなります。このように金属表面に入射した電界波は位相が180度ずれた反射電界波 E_r によって打ち消されることになります。入射電界波に対して反射電界波が打ち消されないと透過電界波 E_t が生じて金属内に電流が流れ、アンペールの法則によって磁界が生じます（$J = \operatorname{rot} H$）。次に図 7-1(b)に示すように電界波の振動する方向が金属表面と垂直の場合は、入射電界波 E_i の方向に対して金属内には電界波の方向とは逆の方向に電子が動き、金属内に電界 E_r が生じ、同様にして金属表面では入射電界波 E_i を打ち消します。このメカニズムから入射電界波の周波数が高くなると金属内の抵抗によって電子が速く動くことができず、図 7-1(a)と同様に金属内に透過される電界波が生じます。このように電界波に対して電子が速く移動できることは、金属の抵抗率 ρ が最小（電気伝導度 σ が最大）、透磁率 μ が最小（磁性体でない）となる条件が必要となります。

● 電界波に対するシールド性能を上げるためには抵抗率 ρ の小さいシールド材

料が適している。例えば、アルミや銅など。

7.2 磁界波に対するシールドのメカニズム

図7-2のように磁界波 H が厚み t の金属シールド材料の入射面 A に垂直に入射するとファラデーの電磁誘導の法則 $\left(\mu \dfrac{\partial H}{\partial t} = -\mathrm{rot}\, E\right)$ に従って電界 E が左回りに回転して発生します。この電界 E によって金属内部の電子は力を受け移動して電流（$J = \sigma E$）が流れます。この現象をシールド材の厚み方向で考えると図7-3(a)のようになります。磁界波 H_i が金属シールド材料に照射されるとファラデーの電磁誘導の法則 $\mu \dfrac{\partial H_i}{\partial t} = -\mathrm{rot}\, E_0$ によって紙面裏から紙面表方向に電界 E_0 が生じます。この電界はシールド材の透磁率 μ が大きいほど大きくなります。次にアンペール・マクスウエルの法則によってこの電界 E_0 によって電流が流れ、磁界 H_1 が右回りの方向に発生します（$\sigma E_0 = J = \mathrm{rot}\, H_1$）。この現象の繰り返しによってこの磁界 H_1 から電界 E_1 が生じて、この電界 E_1 から磁界 H_2 が生じます。こうして入射磁界波 H_i は生じた逆方向の磁界

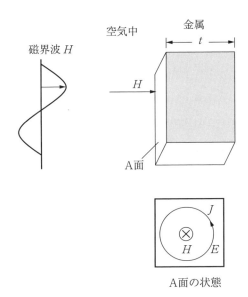

図7-2　磁界が金属面に垂直に入射したとき

第7章 波をシールドするメカニズム、シールド性能を最大にするには

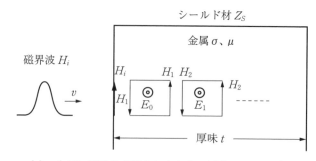

(a) 金属に磁界波が進入したときの減衰のメカニズム

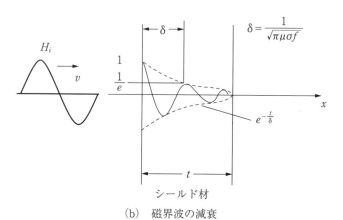

(b) 磁界波の減衰

図7-3 磁界波の内部吸収損失

H_1によって、磁界H_1は生じた逆方向の磁界H_2によってシールド材内部で次第に減衰していきます（内部吸収損失）。

ここで入射磁界波H_iに対して反対方向の磁界H_1を最大にするためには、透磁率μと電気伝導度σが最大となる材料を選ばなければならない。**図7-3(b)**のように磁界波H_iがシールド材に入射すると波の伝搬定数γは波の減衰に関する減衰定数αと波の位相に関する位相定数βで表され、$\gamma = \alpha + j\beta$の関係があります。波の減衰は距離（シールド材の厚みt）とともに$y = e^{-\alpha t}$のカーブで減衰します。金属の場合の減衰定数αは$\alpha = \sqrt{\dfrac{\omega\mu\sigma}{2}}$ ($\sqrt{\pi f \mu \sigma}$)（後述**7.8**）となり$e^{-\alpha t}$が$\dfrac{1}{e} \approx 37\%$となるシールド材の表面からの距離を表皮深度$\delta$

と定義しています。磁界波の減衰はシールド材の厚みを t とすれば、$e^{-\frac{t}{\delta}}$ で表すことができます。この表皮深度 δ は $\delta\left(\frac{1}{\alpha}\right) = \frac{1}{\sqrt{\pi\mu\sigma f}}$ となるので、磁界波は周波数 f の平方根に比例して減衰するが、それ以外に減衰させるにはこの表皮深度 δ を最小にする必要があります。そのためにはシールド材料の透磁率 μ と電気伝導度 σ の積を最大にしなければならない。

- 磁界波に対するシールド材料は $\mu\sigma$ が大きい材料（吸収損失が大きい）を使用しなければならない。例えば、鉄、ニッケル、パーマロイなど。

7.3
電界波は入射端で反射する

波動インピーダンス Z_w（電磁波のインピーダンスのことを波動インピーダンスと呼ぶ）の電界波 E_i が**図7-4**の金属シールド材（インピーダンス Z_s）の境界 a に入射すると反射電界波 E_r とシールド材を透過する電界波 E_{in} となり、この透過電界波はさらに境界 b で反射電界波 E_{r1} と透過電界波 E_t となります。境界 a において波の連続性により $E_i + E_r = E_{in}$ が成り立ち、電界波の反射係数は $\frac{E_r}{E_i} = \frac{Z_s - Z_w}{Z_s + Z_w}$ となるので、入射波に対する透過波の割合は次のようになります。

$$\frac{E_{in}}{E_i} = 1 + \frac{E_r}{E_i} = \frac{2Z_s}{Z_s + Z_w} \quad \cdots\cdots\cdots\cdots\cdots\cdots\cdots\cdots\cdots\cdots\cdots (7.1)$$

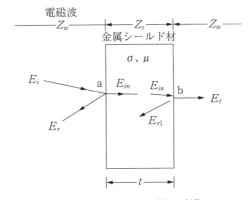

図7-4　電界波の入射・透過

同様にして境界 b においても $E_{in}+E_{r1}=E_t$、反射係数は $\dfrac{E_{r1}}{E_{in}}=\dfrac{Z_w-Z_s}{Z_w+Z_s}$ となるので入射波 E_{in} に対する透過波 E_t の割合は次のようになります。

$$\frac{E_t}{E_{in}}=\frac{2Z_w}{Z_s+Z_w} \quad\cdots\cdots\cdots\cdots\cdots\cdots\cdots\cdots\cdots\cdots\cdots\cdots\cdots\cdots\cdots (7.2)$$

式(7.1)より、シールド材のインピーダンス Z_s に比べて電界波の波動インピーダンス Z_w が大きい場合 ($Z_w \gg Z_s$) には境界 a で反射係数がほぼ 1 (式(7.1)の透過係数がほぼゼロ) となるので、ほとんど反射して透過波がなくなることがわかります。また式(7.2)から $\dfrac{E_t}{E_{in}}\fallingdotseq 2$ (**7.6** を参照) となるので境界 b ではそのまま透過することになります。これより波動インピーダンス Z_w が大きい電界波は入射端でほとんど反射してしまい、透過する波はほとんどなくなることがわかります。

式(7.1)と式(7.2)からシールド材に入射する電界波 E_i に対する透過波 E_t の割合 (シールド効果) は次のようになります。

$$\frac{E_t}{E_i}=\frac{E_{in}}{E_i}\cdot\frac{E_t}{E_{in}}=\frac{2Z_s\cdot Z_w}{(Z_s+Z_w)^2} \quad\cdots\cdots\cdots\cdots\cdots\cdots\cdots\cdots\cdots\cdots (7.3)$$

7.4 磁界波は入射端を通過する

波動インピーダンス Z_w の磁界波 $H_i\left(\dfrac{E_i}{Z_w}\right)$ が**図7-5**のように金属シールド材 (インピーダンス Z_s) の境界 a で入射すると反射磁界波 $H_r\left(\dfrac{E_r}{Z_w}\right)$ と透過磁界波 $H_{in}\left(\dfrac{E_{in}}{Z_s}\right)$ となり、この透過磁界波がさらに境界 b で反射波と透過磁界波 $H_t\left(\dfrac{E_t}{Z_w}\right)$ となります。境界 a において波の連続性から $H_i+H_r=H_{in}$ となるので、入射磁界波 H_i に対する透過磁界波 H_t の割合は次のようになります。

$$\frac{H_{in}}{H_i}=\frac{\left(\dfrac{E_{in}}{Z_s}\right)}{\left(\dfrac{E_i}{Z_w}\right)}=\frac{Z_w}{Z_s}\cdot\frac{E_{in}}{E_i}$$

7.4 磁界波は入射端を通過する

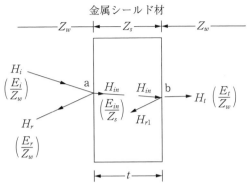

図7-5 磁界波の入射・透過

式(7.1)の $\dfrac{E_{in}}{E_i}$ を代入すると、

$$\dfrac{H_{in}}{H_i} = \dfrac{2Z_w}{Z_s + Z_w} \quad \cdots\cdots\cdots\cdots\cdots\cdots\cdots\cdots\cdots\cdots\cdots\cdots\cdots (7.4)$$

同様にして境界 b においても入射波 H_{in} に対する透過波 H_t の割合は次のようになります。

$$\dfrac{H_t}{H_{in}} = \dfrac{\left(\dfrac{E_t}{Z_w}\right)}{\left(\dfrac{E_{in}}{Z_s}\right)} = \dfrac{Z_s}{Z_w} \cdot \dfrac{E_t}{E_{in}}$$

式(7.2)の $\dfrac{E_t}{E_{in}}$ を代入すると、次のようになります。

$$\dfrac{H_t}{H_{in}} = \dfrac{2Z_s}{Z_s + Z_w} \quad \cdots\cdots\cdots\cdots\cdots\cdots\cdots\cdots\cdots\cdots\cdots\cdots\cdots (7.5)$$

式(7.4)より、シールド材のインピーダンス Z_s に比べて磁界波のインピーダンス Z_w が大きい場合（電界波と同じ条件 $Z_w \gg Z_s$）には $\dfrac{H_{in}}{H_i} = \dfrac{2}{1+\dfrac{Z_s}{Z_w}} \fallingdotseq 2$ となるので境界 a では磁界波はそのまま透過してしまい、式(7.5)から $\dfrac{H_t}{H_{in}} \fallingdotseq 0$ となり境界 b でほとんど反射することになります。磁界波の波動インピーダンス Z_w が小さいとシールド材表面での反射波はほとんどなく、透過する磁界波

が多くなります。このことから磁界波はシールド材内部で減衰させなければシールド性能を上げることができないことがわかります。

式(7.4)と式(7.5)からシールド材に入射する磁界波 H_i に対する透過波 H_t の割合（シールド効果）は次のようになります。

$$\frac{H_t}{H_i} = \frac{H_{in}}{H_i} \cdot \frac{H_t}{H_{in}} = \frac{2Z_s \cdot Z_w}{(Z_s + Z_w)^2} \quad \cdots\cdots\cdots\cdots\cdots\cdots\cdots\cdots\cdots\cdots (7.6)$$

式(7.3)と式(7.6)から電界波と磁界波に対するシールド効果は同じ式になることがわかります。シールド材の内部損失がないとすれば、シールド効果 S_h は次のようになります。

$$S_h = 20 \log \frac{E_t}{E_i} = 20 \log \frac{H_t}{H_i}$$

$$= 20 \log \left[\frac{2Z_s Z_w}{(Z_s + Z_w)^2} \right] = 20 \log \left[\frac{2\left(\frac{Z_s}{Z_w}\right)}{\left(1 + \frac{Z_s}{Z_w}\right)^2} \right] \quad \cdots\cdots\cdots\cdots (7.7)$$

シールド効果は電界波または磁界波の波動 Z_w とシールド材のインピーダンスの比 $\frac{Z_s}{Z_w}$ によって異なることになります。波源の近く（近傍界）では電界波の波動インピーダンス Z_w は大きく、磁界波の波動インピーダンス Z_w は小さくなります（電磁波の波動インピーダンス特性図7-8、図7-10 参照）。

- $\frac{Z_s}{Z_w} = \frac{1}{1000}$ のとき電界波のシールド効果 $S_h \approx -54\,\mathrm{dB}$
- $\frac{Z_s}{Z_w} = \frac{1}{10}$ のとき磁界波のシールド効果 $S_h \approx -20 \log 6 = -5.5\,\mathrm{dB}$

7.5
電界波と磁界波に対する波動的な考え方

図7-6は電界波と磁界波に対する波動的な考え方を示したものです。**図7-6**(a)では入射電界波が進行波として金属シールドに向かって金属表面に入射すると反射波によって打ち消され金属表面では入射波と反射波が加算されゼロとなります。このことは金属内から反射波が金属表面に向かって進み（左方向）表面で合成されゼロとなり、その後、反射波は入射波と逆方向に進むことにな

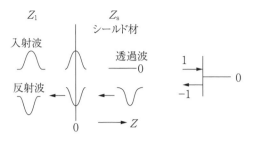

(a) 電界波の反射と透過

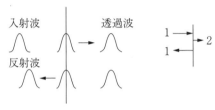

(b) 磁界波の反射と透過

図7-6 電界波と磁界波の反射と透過

ります。したがって、金属内部に進む透過波はゼロとなります。次に**図7-6(b)**のように入射磁界波が金属表面に入射されると、金属内部から入射波と同相で同じ大きさの反射波が金属表面に向かいます（左方向）。金属表面で波の連続性により入射波と反射波が加算され2倍の大きさとなります。その後、反射波は入射波と逆方向に進み、透過波は入射波がそのままの大きさで金属内部に進みます。

7.6 電界波と磁界波の反射係数の関係

図7-4の境界aで、電界波に対する反射係数 ρ_E は、

$$\rho_E = \frac{E_r}{E_i} = \frac{Z_s - Z_w}{Z_s + Z_w} \quad \cdots\cdots\cdots\cdots\cdots\cdots\cdots\cdots\cdots\cdots\cdots\cdots\cdots\cdots (7.8)$$

磁界波については図7-5の境界aで磁界波の連続性から $H_i + H_r = H_{in}$ より、$1 + \dfrac{H_r}{H_i} = \dfrac{H_{in}}{H_i}$ となり、式(7.4)の $\dfrac{H_{in}}{H_i} = \dfrac{2Z_w}{Z_s + Z_w}$ より、磁界波の反射係数 ρ_H は

第7章 波をシールドするメカニズム、シールド性能を最大にするには

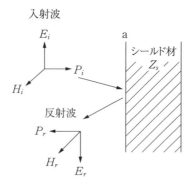

図 7-7　シールド材表面における電磁波の反射

次のようになります。

$$\rho_H = \frac{H_r}{H_i} = \frac{H_{in}}{H_i} - 1$$

$$= -\frac{Z_s - Z_w}{Z_s + Z_w} \quad \cdots\cdots\cdots\cdots\cdots\cdots\cdots\cdots\cdots\cdots\cdots\cdots\cdots\cdots\cdots\cdots\cdots\cdots (7.9)$$

式(7.8)と式(7.9)より電界波の反射係数 ρ_E と磁界波の反射係数 ρ_H の関係は $\rho_E = -\rho_H$ となります（電圧と電流の反射係数も同じ）。これより**図 7-7** に示すように電界波 E と磁界波 H からなる電磁波 P $(\vec{P} = \vec{E} \times \vec{H})$ がシールド材の境界 a に照射されると反射する電磁波は、電界波に対しては波動インピーダンス Z_w がシールド材のインピーダンス Z_s に比べて大きいので電界波の反射係数 ρ_E は式(7.8)から -1（位相が逆）、磁界波の反射係数は式(7.9)より $\rho_H = 1$（同相）となるので透過磁界波は $\frac{H_{in}}{H_i} = 1 + \rho_H = 2$ となります。これより反射する電磁波は P_r 方向となります。

7.7
電磁波源からの距離によるシールド効果

(1) 電界波の波動インピーダンス特性とシールド効果

電磁波の波動インピーダンス Z_w は波源からの位置における電界波 E と磁界波 H の大きさの比 $Z_w = \frac{E}{H}$ [Ω] で求めることができ、電界波と磁界波は波源

7.7 電磁波源からの距離によるシールド効果

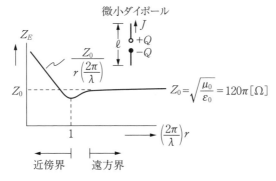

図7-8 電界波源の波動インピーダンス（$E>H$）

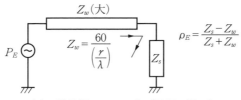

(a) 近傍界のシールド（波源に近い）

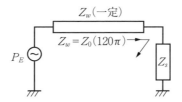

(b) 遠方界のシールド（波源から遠い）

図7-9 電界波のシールド（等価回路）

からの距離（波長に対する距離の割合 $2\pi \cdot \dfrac{r}{\lambda}$）によって波動インピーダンス Z_w は異なります（**図7-8**の電界波に対する波動インピーダンス特性（ダイポールアンテナ））。したがって、波源に近いところと波源から離れたところをシールドする場合にシールド効果が異なることになります。図7-9は電界波源 P_E のインピーダンス Z_w とシールド材のインピーダンス Z_s によって境界での反射係数を求めるための等価回路を示しています。

図7-9(a) のように電界波源 P_E に比較的近いところの（近傍界と呼ぶ）波動

153

第7章 波をシールドするメカニズム、シールド性能を最大にするには

インピーダンス Z_w は $|Z_w| = \dfrac{Z_0}{2\pi\left(\dfrac{r}{\lambda}\right)} = \dfrac{60}{\left(\dfrac{r}{\lambda}\right)}$ [Ω]（ダイポールアンテナは電界波源、第10章10.8(3)参照）で表すことができます。ここで Z_0 は波源から離れたところの特性インピーダンスで媒質によって決まり、$Z_0 = \sqrt{\dfrac{\mu_0}{\varepsilon_0}} = 120\pi \fallingdotseq 377\Omega$ となります。

例えば、電界波の周波数を500 MHz とすれば、その波長は $\lambda = \dfrac{v}{f}$（$v : 3 \times 10^8$(m/s)）より波長 $\lambda = 0.6$ m となります。波源から1 cm 離れたところでは $\dfrac{r}{\lambda} = \dfrac{1}{60}$ となるので電界波の波動インピーダンス Z_w は3600 Ω（3.6 kΩ）となります。

図7-9(a)のように波源に近い位置（近傍界）でシールドするときには、電界波の波動インピーダンス Z_w にシールド材のインピーダンス Z_s が接続された点における反射（電界波に対する反射係数は式(7.8)）を最大にすればシールド材を透過する電界波は最小となりシールド性能を最大にすることができます。

一方、電界波源から離れたところでは電界波のインピーダンス Z_w は一定の値 $Z_0 = 120\pi$（377Ω）となり等価回路は図7-9(b)のようになります。同じ500 MHz の電界波を離れた距離（遠方界）でシールドすると近傍界でシールドするよりシールド性能が悪くなることがわかります。

(2) 磁界波の波動インピーダンス特性とシールド効果

図7-10 は磁界波に対する波動インピーダンス特性を示します。図7-8 の電界波に対する波動インピーダンス特性と異なるのは波源に近い近傍界ではイン

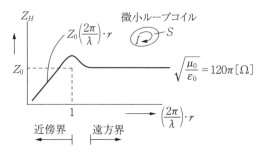

図7-10　磁界波の波動インピーダンス特性（$H > E$）

ピーダンスが低く、波源から離れるにしたがってインピーダンスは大きくなり、遠方界では電界波と同じく一定値になります。この磁界波をシールドする場合、磁界波を P_H として、波源に比較的近いところ（近傍界）の磁界波のインピーダンス Z_w は $|Z_w| = 2\pi Z_0 \left(\dfrac{r}{\lambda}\right) [\Omega]$（ループアンテナ放射源の近傍は低インピーダンス、第10章10.8(6)参照）となります。

例えば、周波数 500 MHz の磁界波は 1 cm 離れたところでは $\dfrac{r}{\lambda} = \dfrac{1}{60}$ となるのでインピーダンス Z_w は約 $39.5\,\Omega$ となります。磁界波のインピーダンス Z_w が小さくなり、$\dfrac{Z_s}{Z_w}$ の値が大きくなると、式(7.7)からシールド効果を大きくすることができないことがわかります。波源に近いところの電界波の波動インピーダンスは $|Z_w|_E = \dfrac{Z_0}{2\pi \left(\dfrac{r}{\lambda}\right)}$、磁界波の波動インピーダンスは $|Z_w|_H = 2\pi Z_0 \left(\dfrac{r}{\lambda}\right)$ となるので、その積は $|Z_w|_E \cdot |Z_w|_H = Z_0^2$（$3{,}142\,\Omega$ 一定）となります。

また、遠方界においても電界波と磁界波の波動インピーダンスはともに Z_0 となり、すべての領域（近傍界、準近傍界、遠方界）において波動インピーダンスの積は次のように一定となります。

$$|Z_w|_E \times |Z_w|_H = Z_0^2 \quad \cdots\cdots\cdots (7.10)$$

7.8 シールド材のインピーダンスと伝搬定数

(1) シールド材のインピーダンス

シールド材料は**図 7-11(a)**のように厚みがあり、電気伝導度 σ、透磁率 μ、誘電率 ε を持つ物質から構成され、シールド材のインピーダンスは内部を伝搬する電界波 E と磁界波 H によって決まり $Z = \dfrac{E}{H} [\Omega]$ となります。

図 7-11(b)のように電界 E が x 軸方向に、磁界 H が y 軸方向に振動する正弦波で電磁波が z 軸方向に進むものとすれば、ファラデーの電磁誘導の法則、アンペール・マクスウエルの電流則（伝導電流と変位電流）から電磁波について次の式が得られます。

$$\mu \dfrac{\partial H}{\partial t} = -\operatorname{rot} E \quad \cdots\cdots\cdots (7.11)$$

第 7 章 波をシールドするメカニズム、シールド性能を最大にするには

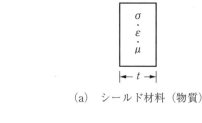

(a) シールド材料（物質）

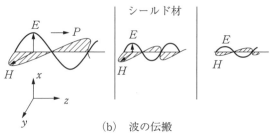

(b) 波の伝搬

図7-11 シールド材のインピーダンス $\left(\dfrac{E}{H}\right)$ と伝搬定数

$$J\left(\sigma E + \varepsilon \cdot \dfrac{dE}{dt}\right) = \mathrm{rot}\, H \quad \cdots\cdots\cdots\cdots\cdots\cdots (7.12)$$

正弦波で考えると rot はその位置における距離に対する変化 $\dfrac{d}{dz}$ で表せ、時間変化 $\dfrac{\partial}{\partial t}$ は $\dfrac{\partial}{\partial t} = \dfrac{d}{dt} = j\omega$ で表すことができ、電界波 E と磁界波 H が同相で変化しているので式(7.11)と式(7.12)は次のように書き換えることができます $\left(\text{空気中では、}-\mu\dfrac{\partial H_y}{\partial t} = \dfrac{\partial E_x}{\partial z},\ -\varepsilon\dfrac{\partial E_x}{\partial t} = \dfrac{\partial H_y}{\partial z}\right)$。

$$-j\omega\mu H = \dfrac{dE}{dz} \quad \cdots\cdots\cdots\cdots\cdots\cdots (7.13)$$

$$-(\sigma + j\omega\varepsilon)E = \dfrac{dH}{dz} \quad \cdots\cdots\cdots\cdots\cdots\cdots (7.14)$$

$Z = \dfrac{E}{H}$ を式(7.13)に代入すると、$-\dfrac{j\omega\mu H}{Z} = \dfrac{dH}{dz}$ となり、これと式(7.14)より $-(\sigma + j\omega\varepsilon)E = -\dfrac{j\omega\mu H}{Z}$ が得られ、インピーダンスは次のようになります。

7.8 シールド材のインピーダンスと伝搬定数

$$Z = \sqrt{\frac{j\omega\mu}{\sigma + j\omega\varepsilon}}$$

$$= \sqrt{\frac{\mu}{\varepsilon}} \cdot \frac{1}{\sqrt{1 - j\frac{\sigma}{\omega\varepsilon}}} \quad \cdots\cdots\cdots\cdots\cdots\cdots\cdots\cdots\cdots\cdots\cdots (7.15)$$

シールド材が金属（導体）では $\frac{\sigma}{\omega\varepsilon} \gg 1$ なので $Z = \sqrt{\frac{j\omega\mu}{\sigma}} = \sqrt{\frac{\omega\mu}{\sigma}} \cdot e^{j\frac{\pi}{4}}$、伝導性を持たなければ（空気中）、$\sigma = 0$ なので $Z = \sqrt{\frac{\mu}{\varepsilon}} = \sqrt{\frac{\mu_0}{\varepsilon_0}} = 120\pi\,[\Omega]$（平面波領域の波動インピーダンスに等しい）となります。

(2) シールド材の伝搬定数 $\gamma(\alpha + j\beta)$

式(7.13)と式(7.14)の両辺をさらに微分して電界波 E と磁界波 H についてまとめると次のようになります。

$$\frac{d^2E}{dz^2} = j\omega\mu(\sigma + j\omega\varepsilon) \cdot E \quad \cdots\cdots\cdots\cdots\cdots\cdots\cdots\cdots\cdots (7.16)$$

$$\frac{d^2H}{dz^2} = j\omega\mu(\sigma + j\omega\varepsilon) \cdot H \quad \cdots\cdots\cdots\cdots\cdots\cdots\cdots\cdots\cdots (7.17)$$

$\gamma^2 = j\omega\mu(\sigma + j\omega\varepsilon)$ とおくと、上式は、

$$\frac{d^2E}{dz^2} = \gamma^2 E$$

$$\frac{d^2H}{dz^2} = \gamma^2 H$$

となり、波の伝搬を表す式となり、$\gamma(\alpha + j\beta$、α は減衰定数、β は位相定数)は波の伝搬定数となります。これより、

$$\gamma = \sqrt{j\omega\mu(\sigma + j\omega\varepsilon)}$$

$$= \sqrt{\omega\mu\sigma\left(1 + j\frac{\omega\varepsilon}{\sigma}\right) \cdot e^{j\frac{\pi}{4}}}$$

$$= \sqrt{\omega\mu\sigma\left(1 + j\frac{\omega\varepsilon}{\sigma}\right)} \cdot \left(\frac{1}{\sqrt{2}} + j\frac{1}{\sqrt{2}}\right)$$

金属（導体）は $\frac{\omega\varepsilon}{\sigma} \ll 1$ なので $\gamma = \sqrt{\omega\mu\sigma} \cdot \left(\frac{1}{\sqrt{2}} + j\frac{1}{\sqrt{2}}\right)$、この場合、$\alpha = \beta = \sqrt{\frac{\omega\mu\sigma}{2}}$（この逆数が表皮深度 δ）となります。

- 磁界波に対するシールド効果を上げるためにはシールド材の内部で磁界波を減衰させる必要がある。減衰定数 α を大きくするためには $\mu\sigma$ を最大にする。
- 電界波に対するシールド効果を上げるためには電界波の反射を最大にしなければならない。そのためにはシールド材（金属）のインピーダンス Z_s を最小にする必要がある。

$Z_s = \sqrt{\frac{j\omega\mu}{\sigma + j\omega\varepsilon}} \fallingdotseq \sqrt{\frac{j\omega\mu}{\sigma}}$ （$\sigma > \varepsilon$）より、$\frac{\mu}{\sigma}$ が最小になるシールド材料を選ばなければならない。

7.9 シールド材反射による定在波

z 軸方向にシールド材内部を進む電磁波の減衰は $e^{-\gamma z} = e^{-(\alpha + j\beta)z}$ で表されます。いま、空気中を進む電磁波の平面波領域の波動インピーダンスを Z_0、シールド材のインピーダンスを Z_s として、電界波と磁界波がシールド材に垂直に入射したとき（図7-12(a)）、入射波と反射波によって定在波ができます。簡単のために波の減衰はなし（減衰定数 $\alpha = 0$）とします。入射電界波 E_i を $E_0 e^{-\gamma z} = E_0 e^{-j\beta z}$（$\beta$ は位相定数）とすれば、反射電界波 E_r は $-E_0 e^{j\beta z}$ となるのでシールド材の入射面では波の連続性により $E_i + E_r = E_0(e^{-j\beta z} - e^{j\beta z})$ となり、オイラーの公式 $e^{j\beta z} = \cos\beta z + j\sin\beta z$ を用いると次のようになります。

$$E_i + E_r = -2jE_0 \cdot \sin\beta z$$

大きさのみ考えると、$|E_i + E_r| = 2E_0 |\sin\beta z|$ ………………(7.18)

次に磁界波について入射電界波 H_i を $H_0 e^{-j\beta z}$ とすれば、反射磁界波 H_r は $H_0 e^{j\beta z}$ となるのでシールド材の入射面では波の連続性により $H_i + H_r = H_0(e^{-j\beta z} + e^{j\beta z})$ なので、

$$H_i + H_r = \frac{E_0}{Z_0}(e^{-j\beta z} + e^{j\beta z})$$

7.9 シールド材反射による定在波

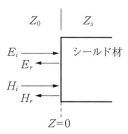

(a) 電界波と磁界波がシールド材に垂直に入射

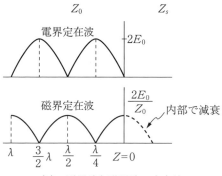

(b) 電界波と磁界波の定在波

図7-12 反射による定在波の発生

これより、$H_i + H_r = \dfrac{2E_0}{Z_0} \cdot \cos \beta z$

大きさのみ考えると、$|H_i + H_r| = \dfrac{2E_0}{Z_0} |\cos \beta z|$ ……………… (7.19)

式(7.18)と式(7.19)をシールド材の表面を位置0として反射によって発生する定在波は**図7-12(b)**のようになります。このように電界波の定在波はシールド材表面で大きさはゼロとなり、磁界波の定在波は最大の大きさ $\dfrac{2E_0}{Z_0}$ ($2H_0$) となり、この磁界の定在波（シールド材内部の点線）が内部で減衰することになります。

7.10 電界波と磁界波に対するシールド材料の特性

表 7-1 はシールド材料として使用されているアルミニウム、銅、鉄、ニッケル、フェライトの材料特性を示したものです。基本的な定数としては電気伝導度 σ と比透磁率 μ_r（この値は材料の構成成分や周波数特性によって大きく変動します）の値をもとに、電界波をシールドするときのシールド性能を決める $\frac{\mu}{\sigma}$ 値（小さいほどよい）と磁界波のシールド性能を決める $\sigma\mu$ 値（大きいほどよい）を比較できるようにしたものです。

表 7-1 シールド材料の特性

材料	電気伝導度 σ [S/m]	比透磁率 μ_r	電界波シールド性能 $\frac{\mu}{\sigma}$	磁界波シールド性能 $\sigma\mu$
アルミニウム	3.96×10^7	1	3.2×10^{-14}	50
銅	5.76×10^7	1	2.2×10^{-14}	73
鉄	1.03×10^7	5,000	6.1×10^{-10}	64,684
ニッケル	1.45×10^7	600	5.2×10^{-11}	10,927
フェライト	$0.125〜0.2$	2,500	1.6×10^{-2}	6,280

第8章

高周波の基礎とEMC

EMCで扱う周波数は高周波領域であり、ノイズ対策部品は集中定数回路であり、電子機器を構成する長い信号配線や通信ケーブル、電源ケーブル、PCB基板などは分布定数回路となる場合が多い。分布定数回路を扱うときには信号を波として扱わなければならない。信号波（電界波と磁界波）が伝搬する伝送路とのインピーダンスミスマッチングはEMC性能に大きく影響を及ぼします。高周波になると波長が短くなり、配線など金属部分の長さに比べて無視できなくなり、波のエネルギーが増え、電磁波が放射しやすくなります。そのため波の表示と定在波の大きさを測定する方法を理解する必要があります。

8.1
EMCは分布定数回路の世界である

(1) 伝送路の単位区間

図8-1の伝送路において、それぞれ単位長さ[m]当たりの伝送路の抵抗R[Ω]、インダクタンスL[H]、キャパシタンスC[F]、コンダクタンスG[S]とすれば、特性インピーダンスZ_0[Ω]は次のように表すことができます。

$$Z_0 = \frac{\sqrt{R+j\omega L}}{\sqrt{G+j\omega C}}$$

伝送路を伝搬する周波数が高くなるとインダクタのインピーダンス$Z=j\omega L$は抵抗Rに比べて極めて大きく（$R \ll j\omega L$）、一方、パターンとGNDプレーン間のキャパシタのインピーダンス$\frac{1}{j\omega C}$は周波数が高くなると、コンダクタンス$\frac{1}{G}$（絶縁抵抗）に比べて極めて小さく$\left(\frac{1}{j\omega C} \ll \frac{1}{G}\right)$なります。したがっ

第8章　高周波の基礎とEMC

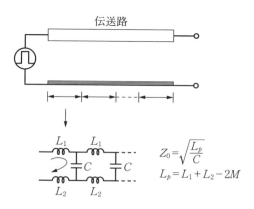

図8-1　伝送路の等価回路

て伝送路の特性インピーダンスは$Z_0 = \sqrt{\dfrac{L_p}{C}}$と表すことができます。ここで$L_p$はループインダクタンスで、伝送路の自己インダクタンスL_1とリターン（GND側）の自己インダクタンスL_2、信号伝送路とリターンとの電磁結合を示す相互インダクタンスMによって決まり、$L_p = (L_1 - M) + (L_2 - M) = L_1 + L_2 - 2M$となります。この伝送路の特性インピーダンスは単位長さ当たりのループインダクタンスL_pと容量Cによって決まり、パターンの長さによらない。

（2）分布定数回路とは単位長さ当たりの回路が多数接続されたもの

図8-2に示すようなプリント基板上の配線（a-b）は抵抗RとコンダクタンスGを無視すると、ループインダクタンスL_pと配線とGNDプレーン間のキャパシタCのみで表すことができます。この配線を伝送する信号の波長が長く、配線の位置aとbで大きさに変化しない場合は配線を1つの集中定数（L_pとC）で表すことができ、配線（a-b）を伝送する信号の波長が短い場合は集中定数回路で表すことができないので、配線（a-b）を信号の波長に対して信号の大きさに差がないように多数に分割して、単位長さ当たりの特性インピーダンスZ_0の回路で表すと、この区間では信号の波長に対する大きさの変化は極めて少なくなります。このような状態が分布定数回路で特性インピーダンスZ_0を持った単位回路が複数接続されたものとなります。

8.1　EMCは分布定数回路の世界である

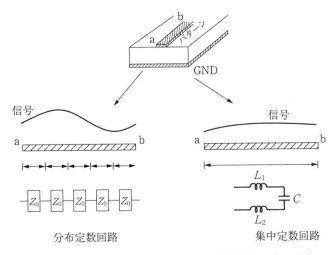

図8-2　伝送路が分布定数回路と集中定数回路になるとき

(3) 分布定数回路における信号駆動条件は

　伝送路の特性インピーダンスは信号から見ると伝送路の入口に抵抗 $Z_0 = \sqrt{\dfrac{L_p}{C}}$ [Ω] があることと同じです（**図8-3**）。そのため信号源 V_S の出力インピーダンス（ICの出力インピーダンス、付加すべき抵抗成分を含めて）を R_S とすれば伝送路に入力される信号の大きさ V_{in} は入力信号 V_S が抵抗 R_S と特性インピーダンス Z_0 で分割されるので分布定数回路を駆動する条件は $V_{in} = V_S \cdot \dfrac{Z_0}{R_S + Z_0}$ となります。このため入力レベルは抵抗で分割されたものとなるので、抵抗 R_S の値が100Ωから200Ωくらいでは抵抗の実装を含めた浮遊キャパシタ C_S による影響を考慮する必要があります。例えば、$C_S = 1$ pF、$R_S = 150$ Ωとすれば抵抗値が3 dB低下（106Ωとなり、反射係数が -0.28）する周波数はおよそ1,061 MHzとなります。

　このように分布定数回路の駆動条件は伝送路の特性インピーダンスを知り、インピーダンスを合わせることになります。高周波では50Ωの伝送系（同軸ケーブル、伝送路など）が一般的なのでフィルタやノイズ対策部品の特性は入出力インピーダンスを50Ωに固定して測定したデータを示しています。した

第8章 高周波の基礎とEMC

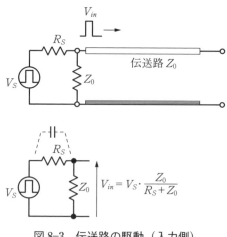

図8-3 伝送路の駆動（入力側）

がって、入出力インピーダンスが50Ωから外れるとフィルタの特性がデータと違い、帯域通過特性や減衰特性に変化が現れ、ノイズ対策部品では実際の効果が異なることになります。

デジタル回路における特徴はデジタルクロックを用いているので多くの高調波が生じることになります。したがって、この高調波すべてに対してインピーダンスマッチングするためには抵抗を用いることになります。ここが特定の周波数の高周波信号（電力）を扱っているような通信の回路と異なります。通信の回路では抵抗を使用すると電力が損失するために、エネルギーを損失しないインダクタンス L やコンデンサ C を用いてインピーダンスマッチングを行います。

8.2
高周波特性を知るために必要なイミッタンスチャートの作り方・見方

イミッタンスチャートとはスミスチャートとアドミタンスチャートを合わせたもので、伝送線路、電子回路、電子部品などの高周波特性をチャート（図）で読み取ることができるので非常に便利なものでさまざまな使用方法がありま

す。

(1) 直列素子のインピーダンスを扱うときに便利なスミスチャートを作成する

いま、**図8-4**のように伝送路に接続された負荷インピーダンス Z_L が抵抗成分 r とリアクタンス成分 x の直列になっているときには $Z_L = r + jx$ となります。接続点Pにおける反射係数 ρ は入射電圧波 V_1 に対する反射電圧波 V_2 の比（大きさと位相）なので次のようになります。

$$\rho = \frac{V_2}{V_1} = \frac{Z_L - Z_0}{Z_L + Z_0}$$

$$= |\rho| e^{j\phi}$$

この式から負荷のインピーダンス Z_L を求めると、

$$Z_L = Z_0 \cdot \frac{1+\rho}{1-\rho}$$

いま、この負荷インピーダンス Z_L を正規化して $Z = \dfrac{Z_L}{Z_0}$ とすれば、上式は次のように表すことができます。

$$Z = \frac{1+\rho}{1-\rho} \quad \cdots\cdots\cdots\cdots\cdots\cdots\cdots\cdots\cdots\cdots\cdots\cdots\cdots\cdots\cdots\cdots\cdots\cdots\cdots\cdots\cdots (8.1)$$

高周波の測定系は一般的に Z_0 は 50Ω となっているので 50Ω で正規化する

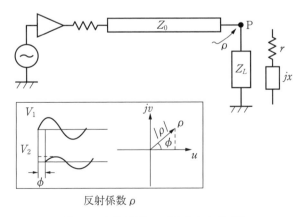

図8-4　反射係数 ρ（大きさと位相）

ことになります。この正規化した負荷インピーダンス Z と反射係数 ρ は複素数なので、

$Z = r + jx$ （r は抵抗、x はリアクタンス（インダクタンス L かキャパシタンス C））

$\rho = u + jv$ （反射係数の実部 u、虚部 v）

この Z と ρ を式(8.1)に代入すると、$r + jx = \dfrac{1 + u + jv}{1 - u - jv}$ となり、実数部がそれぞれ等しいとおいてまとめると次のようになります。

$$r = \frac{1 - u^2 - v^2}{(1-u)^2 + v^2}$$

この式は反射係数 u、v と抵抗成分 r との関係を表しており、u、v で整理すると円の方程式となります。

$$\left(u - \frac{r}{r+1}\right)^2 + v^2 = \left(\frac{1}{r+1}\right)^2 \quad \cdots\cdots (8.2)$$

式(8.2)は反射係数 ρ（u 軸、v 軸）と負荷インピーダンス Z の実数部 r との関係を示し、中心の座標が $\left(\dfrac{r}{r+1},\ 0\right)$ で半径 $\dfrac{1}{r+1}$ の円を表しています。また虚数部が等しいとおいてまとめると $x = \dfrac{2v}{(1-u)^2 + v^2}$ となり、u、v で整理すると次の円の方程式となります。

$$(u-1)^2 + \left(v - \frac{1}{x}\right)^2 = \left(\frac{1}{x}\right)^2 \quad \cdots\cdots (8.3)$$

式(8.3)は反射係数 ρ（u 軸と v 軸）と負荷インピーダンス Z の虚数部であるリアクタンス x との関係を示し、中心の座標が $\left(1,\ \dfrac{1}{x}\right)$ で、半径 $\dfrac{1}{x}$ の円を表しています。この式(8.2)と式(8.3)から u、v 軸を中心として負荷インピーダンスの r と x を変化させてグラフを書くと図8-5のようになります。

ここで抵抗 r は正の値で、ゼロから無限大までとなるので実線の定抵抗の円となります。リアクタンス x について簡単にインダクタンス L のみの場合は $j\omega L$ となるので正となり、x の値を変化させてグラフを書くと v 軸上の正の位置で上半分の点線の定リアクタンスの円となります。これに対してキャパシタ C のみの場合には、$\dfrac{1}{j\omega C} = -j\dfrac{1}{\omega C}$ となるのでリアクタンス x は負となり x の

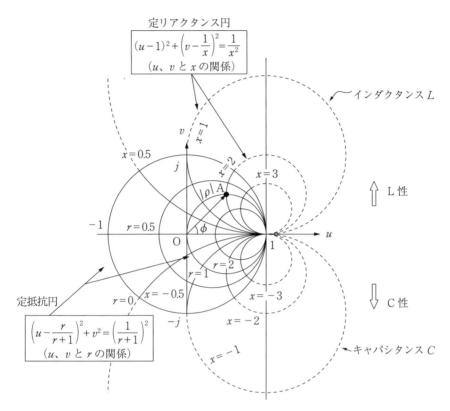

図8-5　$Z = \dfrac{1+\rho}{1-\rho}$ のグラフ（定抵抗円と定リアクタンス円）

値を変化させてグラフを示すと v 軸上の負の位置で下半分の点線の定リアクタンスの円となります。r と x をさらに細かくしたものが**図8-6**のスミスチャートです。

スミスチャートは反射係数 ρ と負荷インピーダンス Z_L（直列接続素子）の関係をグラフで示したものなので、一方がわかれば他方をグラフ上から求めることができます。

(2) スミスチャートを使って反射係数と負荷インピーダンスを読み取る

図8-5のスミスチャート上にプロットされたA点は $r=1$ の円（抵抗円）と $x=2$ の円（リアクタンス円）で交わっています。つまりこのA点のインピー

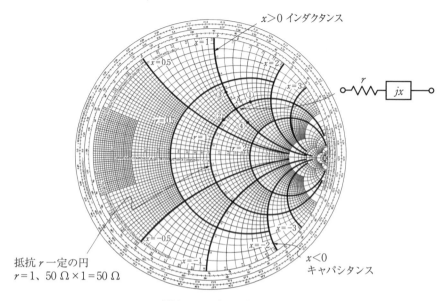

図8-6　スミスチャート

ダンスは $Z = r + jx = 1 + j2$ となります。Z は 50 Ω で正規化されているから、求める負荷インピーダンスは $Z_L = 50 + j100$ となります。一方、反射係数 ρ は u、v 座標によって示されるので、A 点と u、v 座標の原点 O からの距離が反射の大きさ $|\rho|$ になり、u 軸とのなす角度が位相 ϕ を示すことになります。このスミスチャートから反射係数 $\rho = \dfrac{V_2}{V_1} = |\rho|e^{j\phi}$ を求めることができ、式 (8.1) より負荷インピーダンス Z_L を求めることができます。

(3) スミスチャート上のインピーダンスの動きの意味

いま、あるインピーダンスを表す点が図8-6のスミスチャート上のA点 ($r + jx$) にあったとすれば、A点から離れた①の位置はリアクタンス x が増加する方向（正となる）なのでインダクタンス L（$j\omega L$）が増えることになります。②の位置はリアクタンス x が減少する方向（負の方向）になるのでキャパシタンス C が増えることになります。③の位置は抵抗円の半径が大きくなる方向なので抵抗 r が小さくなります。④の位置は抵抗円の半径が小さくなる方向なので抵抗 r が大きくなります。いずれの方向でもA点の負荷インピーダンス

8.3 並列素子を扱うときに便利なアドミッタンスチャートを作成する

$Z=r+jx$ に直列に増減する抵抗 Δr やリアクタンス Δx が加わることになります。

8.3
並列素子を扱うときに便利なアドミッタンスチャートを作成する

(1) 直列回路を並列回路に置き換える

スミスチャートは抵抗成分 r とリアクタンス x が直列に接続された場合を扱いましたが、負荷インピーダンスは抵抗成分 r とリアクタンス成分 x が並列に接続されている場合があります。その場合、**図 8-7(a)** に示すように抵抗 r とリアクタンス jx の直列回路をコンダクタンス $\frac{1}{r}$ とサセプタンス $\frac{1}{jx}$ の並列回路にして $Y=g+jb=\frac{1}{r}+\frac{1}{jx}$ と等価変換すれば、コンダクタンス g は $g=\frac{1}{r}$、サセプタンス b は $b=-\frac{1}{x}$ となります。

このようにすると負荷アドミッタンス Y_L はコンダクタンス g とサセプタンス jb の和で表すことができ $Y_L=g+jb$ となります。したがって、特性インピーダンス Z_0 と負荷インピーダンス Z_L で接続された回路は **図 8-8** のようにアドミッタンス $Y_0=\frac{1}{Z_0}$ と負荷アドミッタンスは $Y_L=\frac{1}{Z_L}$ が接続された回路となるので、反射係数 ρ と負荷インピーダンス Z_L の関係は次のようになります。

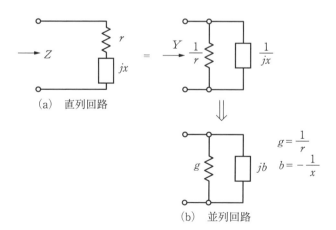

図 8-7　直列回路を並列回路に変換

第8章　高周波の基礎とEMC

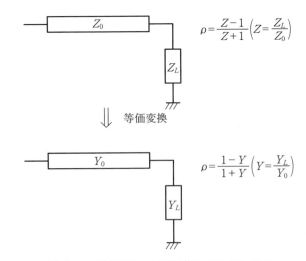

図8-8　反射係数 ρ と正規化アドミタンス Y

$$\rho = \frac{Z_L - Z_0}{Z_L + Z_0} = \frac{\left(\dfrac{1}{Y_L} - \dfrac{1}{Y_0}\right)}{\left(\dfrac{1}{Y_L} + \dfrac{1}{Y_0}\right)}$$

$$= \frac{Y_0 - Y_L}{Y_L + Y_0}$$

さらに、Y_L で規格化して $Y = \dfrac{Y_L}{Y_0}$ とすれば、次のように表すことができます。

$$\rho = \frac{1-Y}{1+Y} \quad \cdots \cdots (8.4)$$

この式から正規化された負荷アドミタンス Y は次のようになります。

$$Y = \frac{1-\rho}{1+\rho} \quad \cdots \cdots (8.5)$$

これは式(8.1)のインピーダンス Z の逆数に等しいことがわかります。

(2) アドミタンス Y と反射係数 ρ の関係をグラフで表す

アドミタンスが $Y = g + jb$、反射係数が $\rho = u + jv$ であるから式(8.5)に Y と ρ を代入して、

8.3 並列素子を扱うときに便利なアドミッタンスチャートを作成する

$$g+jb=\frac{1-(u+jv)}{1+(u+jv)}$$

$$=\frac{1-u^2-v^2}{(1+u)^2+v^2}-j\frac{2v}{(1+u)^2+v^2}$$

実数部、虚数部がそれぞれ等しいとおくと、

$$g=\frac{1-u^2-v^2}{(1+u)^2+v^2}$$

$$b=-j\frac{2v}{(1+u)^2+v^2}$$

実数部から u、v とコンダクタンス g との関係は次のようになります。

$$\left(u+\frac{g}{1+g}\right)^2+v^2=\left(\frac{1}{1+g}\right)^2 \quad \cdots\cdots\cdots\cdots\cdots\cdots (8.6)$$

同様にして虚数部から、u、v とサセプタンス b との関係は次のようになります。

$$(u+1)^2+\left(v+\frac{1}{b}\right)^2=\left(\frac{1}{b}\right)^2 \quad \cdots\cdots\cdots\cdots\cdots\cdots (8.7)$$

この式(8.6)及び式(8.7)から反射係数 ρ と正規化された負荷アドミッタンス Y の関係をすでに作成した反射係数 ρ と正規化された負荷インピーダンスに関するスミスチャート（図8-5）に書き込むと**図8-9**のようなアドミッタンスチャートが得られます。

このアドミッタンスチャートは所定のインピーダンスの値に抵抗を並列に接続するときに使用する定コンダクタンス円とインダクタンス L やコンデンサ C を並列に接続するときに使用する定サセプタンス円から構成されています。このチャート上からコンダクタンス g、サセプタンス b を読み取ることができます。スミスチャートは特性インピーダンス Z_0 で規格化しているので、アドミッタンスチャートも同様に $Y_0=\frac{1}{Z_0}\left(\frac{1}{50[\Omega]}=20\,\mathrm{mS}\right)$ で規格化してチャート上に表示します。したがってスミスチャートと比べて左右、上下とも反転したものとなります。図8-9に太線で書かれている部分がアドミッタンスチャートを表しています。スミスチャートとアドミッタンスチャートを合わせたもの

第8章 高周波の基礎とEMC

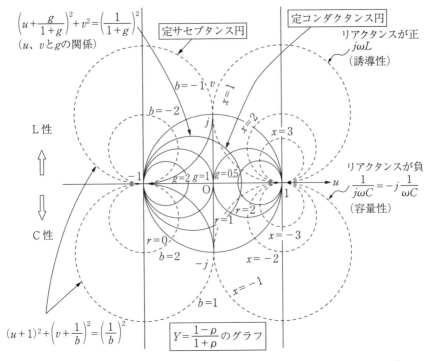

図8-9 正規化アドミッタンス（定コンダクタンス円と定サセプタンス円）

が**図8-10**に示すイミッタンスチャートです。

いま、チャート上の点Bの負荷（負荷アドミッタンス Y_1）に並列に抵抗を加えると、定コンダクタンスの円が小さくなる方向④に移動し、抵抗を減少させると定コンダクタンス円が大きくなる方向①に移動します。負荷に並列にインダクタンス L $\left(b = \dfrac{1}{j\omega L} = -j\dfrac{1}{\omega L}\right)$ を加えると、サセプタンス b が減少する反時計方向②に移動し、コンデンサ C（$b = j\omega C$）を加えると、サセプタンス b が増加する時計方向③に移動します。

図8-10では抵抗円 r、リアクタンス円 x、コンダクタンス円 g、サセプタンス円 b が少ししか書いてありませんが、もっと細かく書いていくと**図8-11**に示すようなチャートとなります。このチャートは回路に素子を直列に接続するときと並列に接続していくときの両方に使用することができます。

8.3 並列素子を扱うときに便利なアドミッタンスチャートを作成する

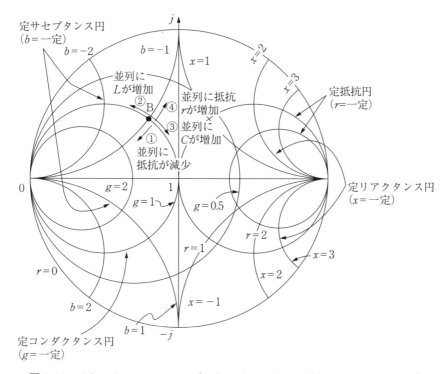

図8-10 イミッタンスチャート（スミスチャート＋アドミッタンスチャート）

（3）イミッタンスチャート上でインピーダンスを求める

図8-11にはA点からF点までを示していますが、そのうち下記のA点とD点を読み取ると、

● A点のインピーダンス

スミスチャート上で読むと定抵抗円 $r=1.2$、リアクタンス円 $x=1.0$ のところで交わっているのでインピーダンス $z=1.2+j1.0$ となります。$50\,\Omega$ で正規化されているのでこの z に $50\,\Omega$ をかけると $Z=60+j50\,[\Omega]$ となります。

● D点のアドミッタンス

アドミッタンスチャート上で読むと定コンダクタンス円 $g=0.8$、サセプタンス円 $b=-0.9$ のところで交わっているのでアドミッタンス $y=0.8-j0.9$ となります。アドミッタンスは $Y_D(1/50\,[\mho]:20\,\mathrm{mS}$（ミリジーメンス（Siemens）））

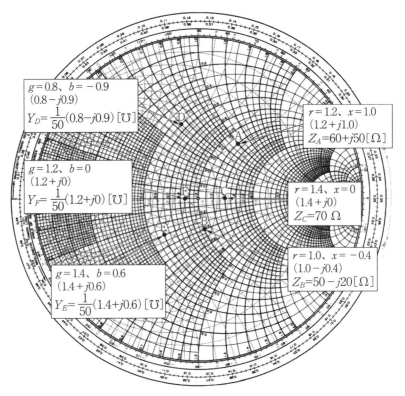

図 8-11　イミッタンスチャート上でインピーダンスとアドミッタンスの値を読む

で規格化されているので、1/50 をかけて $Y = 1/50(0.8 - j0.9) = 16 - j18$ [mS]。

8.4
波（高周波）の状態を知る S パラメータ

(1) S パラメータの意味

　回路網の高周波特性を表すには S パラメータがあり、**図 8-12** では、伝送路 1 端子に入力された入射波は、伝送路 1 へ入力される伝送波 S_{21}、その一部が反射する反射波 S_{11}、1 端子から他の伝送路（端子 3-4）への漏れ S_{31}、空気中への漏れ P_n が電磁波となります。この伝送波 S_{21} は伝送路を伝搬する途中で損失を受け端子 2 から出力されます。このように入力波はそれぞれの方向に拡

8.4 波（高周波）の状態を知るSパラメータ

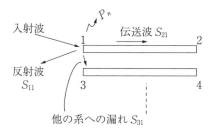

図8-12 Sパラメータ（Scattering Parameter）の意味

散していくことになるので、Sは波の拡散状態を意味しているのでScattering Parameterと呼ばれています。

(2) Sパラメータ

Sパラメータは回路網の入力側の反射係数であるS_{11}、その大きさをdBで表したリターンロス（$R \cdot L$、波が戻るロス）、入力側から出力側への伝送特性（透過）を表すS_{21}、これは伝送系のロスを示しているのでインサーションロス（$I \cdot L$）を示しています。

出力側から入力側への漏れを表すS_{12}、これには増幅器のような一方向の伝達特性を示す回路網の場合はアイソレーション特性を示すことになります。回路網の出力側から見たときの反射係数（出力側反射係数）を表すS_{22}から構成されています。回路網が対象の場合は$S_{11} = S_{22}$、$S_{21} = S_{12}$となります。

4端子の伝送路や電子部品の回路網に**図8-13(a)**に示す信号を印加するとS_{11}は出力側を$Z_0 = 50\,\Omega$で終端したときの入力側の入射波V_1に対する反射波V_rの割合で$\dfrac{V_r}{V_1}$となります。S_{21}は、入射波V_1に対する透過波V_Tの割合で$\dfrac{V_T}{V_1}$となります。一方、出力側から回路網に入力した場合（**図8-13(b)**）では、S_{12}は入力側を$Z_0 = 50\,\Omega$終端したとき、出力側から入射波V_2を印加したときの入力側に透過する透過波V_Tの割合で$\dfrac{V_T}{V_2}$となります。S_{22}は入力側を$Z_0 = 50\,\Omega$で終端したとき、出力側から入射波V_2を印加したときの反射波V_rの割合で$\dfrac{V_r}{V_2}$となります。

(3) 伝送特性と反射特性

①伝送特性（S_{21}、S_{12}）：インサーションロス$I \cdot L$

インサーションロス$I \cdot L$は回路網への入力信号に対する出力信号の大きさ

第8章　高周波の基礎とEMC

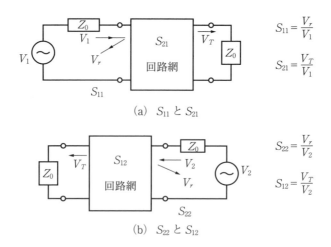

図8-13　Sパラメータの求め方（$Z_0 = 50\,\Omega$）

と位相がどれだけ変化したかを示しています。この伝送特性を知ることにより、回路網として例えば、高周波の伝送路、電源・GNDプレーン、高周波電子部品、高周波増幅器（アンプ）、電子回路などのロスに対する周波数特性や位相特性を知ることができます。このロスには、熱損失、誘電体損失、反射損失、他の系統への漏れ（クロストーク）、電磁波としての漏えいなどがあります。

②反射特性（S_{11}、S_{22}）：リターンロス $R \cdot L$

反射特性は回路網に信号を入力した場合に信号が反射される割合で信号のロスやインピーダンスマッチングの程度がわかります（反射係数 ρ）。反射係数 ρ（S_{11}）は反射の大きさ $|\rho|$ と位相差 ϕ を持っています。リターンロス $R \cdot L$（Return Loss）は反射係数 ρ の大きさ $|\rho|$ を対数 dB で表したもので、次のようになります。

$$R \cdot L = -20 \log |\rho|\,[\text{dB}] \quad\quad\quad\quad\quad\quad\quad\quad\quad\quad\quad\quad (8.8)$$

例えば、反射係数 0.01 と 1 の場合、これをリニアースケールで表そうとすると表示がしにくくなります。対数で表すと広い範囲で表すことができます。

反射係数の大きさが非常に小さい場合、例えば、$|\rho| = 0.01$ と 0.02 の差は 6 dB（$R \cdot L = -20 \log 0.01 = 40\,\text{dB}$、$R \cdot L = -20 \log 0.02 = 46\,\text{dB}$）、$|\rho| = 1$ のとき $R \cdot L = -20 \log 1 = 0$。

(4) 反射係数 S_{11}（R・L）と伝送特性 S_{21}（I・L）の関係

いま、**図 8-14** に示すように特性インピーダンス Z_0 の伝送路から特性インピーダンス Z_ℓ の伝送路に波が進むとその境界点 a で反射が発生します。電圧については入射波と反射波の合成が透過波に等しいので $1 + S_{11} = S_{21}$ となり、電流の反射については入射波に対する反射波の係数は 180 度位相（$\rho_I = -\rho_V$）が異なるために $1 - S_{11} = S_{21}$ となります。したがって、入射される電力が出力されるため $(1 + S_{11}) \cdot (1 - S_{11}) = S_{21}^2$ が成り立ち、次のようになります。

$$1 = S_{11}^2 + S_{21}^2 \quad \cdots\cdots\cdots\cdots\cdots\cdots\cdots\cdots\cdots\cdots\cdots\cdots (8.9)$$

式(8.9)はまさしくエネルギー保存の法則を示しています。反射係数 S_{11} と伝送特性 S_{21} の関係は反射係数の大きさが多少変化しても伝送特性の変化が少ないことです $\Bigl(S_{11} = 1$ のとき $S_{21} = 0$、$S_{11} = \dfrac{1}{3}$ のとき $S_{21} = \sqrt{1 - S_{11}^2} \approx 0.94$、$S_{11} = \dfrac{1}{2}$ のとき $S_{21} \approx 0.87$、反射が半分になっても S_{21} は 13 % しか低下しない $\Bigr)$。

(5) 定在波比（SWR：Standing Wave Ratio）

定在波は**図 8-15** に示す伝送路の特性インピーダンス Z_0 に接続される信号源インピーダンス Z_i や負荷インピーダンス Z_L が異なると発生します。定在波比 SWR（Standing Wave Ratio）を電圧定在波で表すと入射波と反射波が強め合ったときの大きさ V_{max} と弱めあったときの大きさを V_{min} との比で表すことができ、電流定在波も同様に最大値 I_{max} と最小値 I_{min} の比で表すことができ、電圧と電流の定在波比は大きさが等しく位相が π だけ異なり次のようになります。

$$\mathrm{SWR} = \frac{V_{max}}{V_{min}} = -\frac{I_{max}}{I_{min}} \quad \cdots\cdots\cdots\cdots\cdots\cdots\cdots\cdots\cdots (8.10)$$

電圧定在波比 SWR については定在波の振幅が最大になるのは、入射波と反射波が加算されたときで、最小になるのは、入射波に対して反射波の位相が反

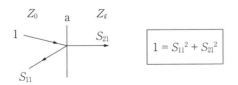

図 8-14 エネルギー保存則（電力）

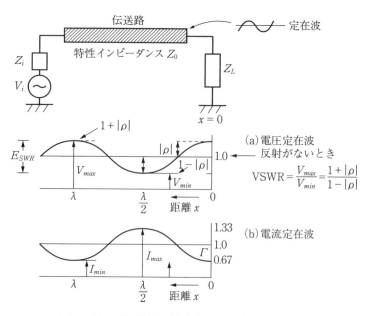

図 8-15　伝送路に生じる定在波の大きさ SWR

転（入射波 − 反射波）したときなので次のようになります。

$$\text{SWR} = \frac{入射波 + 反射波}{入射波 - 反射波}$$

$$= \frac{1+|\rho|}{1-|\rho|} \quad \cdots\cdots\cdots\cdots\cdots\cdots\cdots\cdots\cdots\cdots\cdots\cdots (8.11)$$

SWR とは反射の大きさを表したものと言えます。反射がないときは $|\rho|=0$、反射が最大のときは $|\rho|=1$ なので式(8.11)から SWR ≥ 1 となります。

(6) 定在波比 SWR を特性インピーダンス Z_0 と負荷インピーダンス Z_L を用いて表す

反射係数 ρ の大きさは次のようになります。

$$|\rho| = \left|\frac{Z_L - Z_0}{Z_L + Z_0}\right| = \left|\frac{\left(\dfrac{Z_L}{Z_0}\right) - 1}{\left(\dfrac{Z_L}{Z_0}\right) + 1}\right|$$

ここで $\dfrac{Z_L}{Z_0} > 1$ $(Z_L > Z_0)$ のとき、$|\rho| = \dfrac{Z_L - Z_0}{Z_L + Z_0}$ となるので、これを式(8.11)に代入するとSWRは次のようになります。

$$\text{SWR} = \dfrac{Z_L}{Z_0} \quad\quad\quad\quad\quad\quad\quad\quad\quad\quad\quad\quad (8.12)$$

また、$\dfrac{Z_L}{Z_0} < 1$ $(Z_L < Z_0)$ のとき、$|\rho| = -\dfrac{Z_L - Z_0}{Z_L + Z_0}$ となるので、これを式(8.11)に代入すると次式のようになります。

$$\text{SWR} = \dfrac{Z_0}{Z_L} \quad\quad\quad\quad\quad\quad\quad\quad\quad\quad\quad\quad (8.13)$$

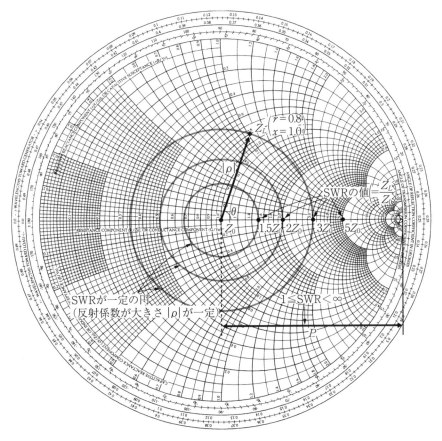

図8-16　スミスチャート上のSWR一定の円

式(8.12)、式(8.13)から定在波比SWRはその大きさが1以上で、伝送路の特性インピーダンスZ_0と伝送路に接続される負荷Z_Lとの比で表すことができます。

電圧について、反射係数の大きさ$|\rho|$とSWRの関係をスミスチャート上に表すと、**図8-16**のようにSWRが一定の円となります。また、式(8.11)からSWRがわかれば反射係数の大きさ$|\rho|$を求めることができます。

8.5 パルス波形を正確に測定しなければならない理由

(1) 波形を正確に測る理由

信号の波形やレベルを観測するのにオシロスコープが使用されます。EMCでは、コモンモードノイズ源の大きさV_nはノーマルモード電流が流れるループの形状・構造$(L-M)$とノーマルモード信号電流の波形$\dfrac{dI}{dt}$の積 $\left(V_n = (L-M)\cdot\dfrac{dI}{dt}\right)$ によって決まるため、電圧波形の形$\dfrac{dV}{dt}$や電流波形$\dfrac{dI}{dt}$が放射ノイズの特性やイミュニティ特性に大きく影響を与えるため正確に測る必要があります。EMCは高周波領域なので、電子回路や電子機器は形状と長さを持ったインダクタンスLとキャパシタンスCによって構成されているので、波形が劣化しているところは他の系統への漏れ、反射（直列共振、並列共振）などが起こっている可能性があります。これらの状況を把握する必要があるために波形を正確に測り、最適な形にしなければなりません。

(2) オシロスコープのプローブの構成（インダクタンスによる影響）

オシロスコープのプローブは先端部、同軸部（同軸ケーブル）、プローブ端部から構成されます。その等価回路は**図8-17**のように表すことができます。先端部は抵抗R_1とキャパシタンスC_1が並列に、同軸部はキャパシタンスC_2が、プローブ端部は抵抗R_2とキャパシタンスC_2が並列となり、オシロスコープに付属の校正信号を用いて波形が$C_1 R_1 = C_2 R_2$になるように調整されると $\dfrac{R_2}{R_1 + R_2} = \dfrac{C_1}{C_1 + C_2 + C_3}$ となり、入力信号の減衰は抵抗Rの比、またはキャパシタンスCの比によって決まります。プローブに入力された信号は$\dfrac{R_2}{R_1 + R_2}$

8.5 パルス波形を正確に測定しなければならない理由

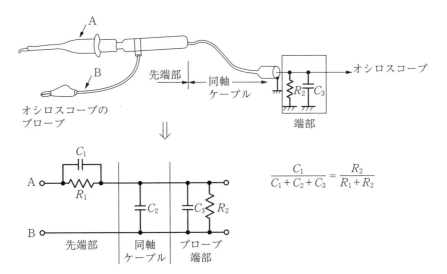

図8-17　オシロスコーププローブの等価回路

で減衰されるので $R_1 = 9\,\text{M}\Omega$、$R_2 = 1\,\text{M}\Omega$ とすれば、入力された信号は 10：1 に減衰します。10：1 のプローブの例では $C_1 = 10\,\text{pF}$、$C_2 = 70\,\text{pF}$、$C_3 = 20\,\text{pF}$ 程度のパラメータとなります。次にプローブの先端部 A と長い GND の部分 B は**図 8-18(a)**のように回路にインダクタンス L_A と L_B が入ります。これらインダクタンスがなければ測定信号 V_S はプローブにそのまま印加され $V_S = V_1$（プローブへの入力信号）となり正確に測定することができます。プローブの信号ラインのインダクタンスを L_A と GND 側のインダクタンス L_B を合計してインダクタンス L とすれば、高周波信号に対する回路は**図 8-18(b)**のようになります。測定対象の高周波信号（デジタルクロック）V_S はプローブへの入力インピーダンス Z_{in} とインダクタンス L のインピーダンス Z_L に印加されるので次のようになります。

$$V_1 = V_S \cdot \frac{Z_{in}}{Z_{in} + Z_L}$$

$$= V_S \cdot \frac{1}{1 + \frac{Z_L}{Z_{in}}}$$

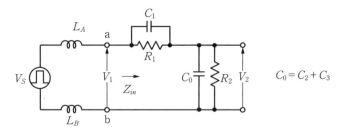

(a) インダクタンスを含めたプローブの等価回路

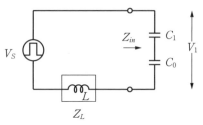

(b) 高周波信号に対する等価回路

図8-18 プローブの長さ（インダクタンス L）による影響

ここで、$Z_{in} = \dfrac{C_1 C_2}{C_1 + C_2}$、$Z_L = j\omega L$ なので入力信号 V_1 は次のようになります。

$$V_1 = V_S \cdot \frac{1}{1 - \omega^2 L \cdot \dfrac{C_1 C_2}{C_1 + C_2}} \quad \cdots\cdots\cdots\cdots\cdots\cdots\cdots (8.14)$$

式(8.14)から直列共振が起こる周波数は、

$$f_r = \frac{1}{2\pi \sqrt{L \cdot \left(\dfrac{C_1 C_2}{C_1 + C_2}\right)}}$$

となります。

$L = 200\,\mathrm{nH}$、$C_1 = 10\,\mathrm{pF}$、$C_2 = 90\,\mathrm{pF}$ とすれば、$f_r \approx 119[\mathrm{MHz}]$ となります。

このようにインダクタンス L があるとプローブに入力される信号 V_1 は測定信号 V_S（デジタルクロック）と異なり、オーバーシュートやアンダーシュートが生じます。

(3) 外部からの電界 E と磁界 H による影響

プローブ A の先端部からプローブ先端部 a までの長さとプローブ B の先端部からプローブ b までの長さに違いがあるときに（**図 8-19(a)**）、この長さの差 ℓ に外部から電界 E_n が照射されると、$V = E_n \cdot \ell$ の誤差が生じて測定信号に影響を与えます。また、プローブ A と B が大きなループを形成すると**図 8-19(b)**のように外部から磁界が侵入するとファラデーの電磁誘導の法則 $\left(\mu \dfrac{\partial H}{\partial t} = -\mathrm{rot}\, E \right)$ によって電界 E が発生してプローブのループの周囲長×電界の大きさのノイズ電圧 $V_n = E \cdot \ell$（ℓ は a から b までのループ長）を誘導してしまい測定信号に影響を与えます。そのため上記(2)、(3)による測定信号への影響を最小限にするために信号線側と GND 側の配線を短く（インダクタンス L は長さに比例）、プローブ A とプローブ B 間の面積を最小にした**図 8-20** に示すような構造（GND ピン）にしなければなりません。

(4) デジタルクロックの周波数帯域

図 8-21 のような振幅 A、立上り時間 t_r（振幅 A の 10～90 %）のデジタル

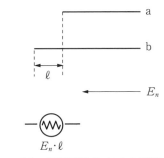

(a) 外部電界 E_n による影響

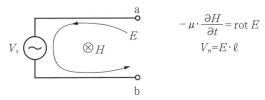

(b) 外部磁界 H_n による影響

図 8-19　外部電界 E と磁界 H による影響

第 8 章　高周波の基礎と EMC

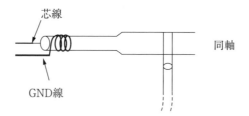

図 8-20　オシロスコープの先端部

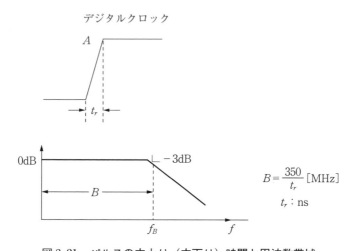

図 8-21　パルスの立上り（立下り）時間と周波数帯域

クロックの 3 dB 低下する周波数 f_B は次のようになります。

$$f_B = \frac{350}{t_r} \, [\text{MHz}] \quad (t_r \text{ は ns})$$

1 ns の立上りのデジタルクロックを観測するにはオシロスコープの周波数帯域は 350 MHz 以上が必要となります。一方、デジタルクロック（台形波）の立上り時間を t_r としたときの周波数スペクトルの折れ点周波数（図 9-7(c)）は、$f_b = \dfrac{1}{\pi t_r}$ なので、t_r を ns で表すと $f_b \approx \dfrac{318}{t_r} \, [\text{MHz}]$ となるので、$f_B \approx 1.1 f_b$ の関係となります。したがって、台形波パルスの 3 dB 周波数帯域幅はほぼ第 2 の折れ点周波数 f_b に等しいことになります。

8.6
高周波では部品の特性が変化する

ノイズ対策部品は部品の特性を最大に発揮できるようにしなければなりません。そのためには、意図した動作を妨げるストレーインダクタンス L_S、ストレーキャパシタンス C_S による高周波特性を考慮しなければなりません。

(1) 抵抗の高周波数特性
●ストレーキャパシタンスによる影響

抵抗 R にストレーキャパシタンス C_S が並列に加わったときの抵抗の周波数特性は $\frac{R}{1+j\omega C_S R}$ となり、インピーダンス Z（大きさ）は次のようになります。

$$|Z| = \frac{R}{\sqrt{1+(\omega C_S R)^2}}$$

●イミッタンスチャート上での抵抗の動き（図 8-22）

①の抵抗 R のみの場合は抵抗一定のP点となります。抵抗 R に並列にストレーキャパシタンス C_S が加わった②の回路では、並列に容量が加わり周波数が高くなると定コンダクタンス円上をサセプタンス b が増える方向（時計回り）となりA点に移動します。次に抵抗 R に直列にインダクタンス L_S が加わった③の回路では、定抵抗円上をリアクタンス x が増加する方向（時計回り）となりB点に移動します。

(2) インダクタの高周波特性
●ストレーキャパシタンスによる影響

インダクタのインピーダンスは $j\omega L$ で周波数とともに大きくなります。インダクタ L にストレーキャパシタンス C_S が並列に加わった回路のインピーダンス（大きさ）は次のようになります。

$$|Z| = \frac{j\omega L}{\sqrt{(1-\omega^2 L^2 C_S^2)}}$$

●イミッタンスチャート上での動き（図 8-23）

①のインダクタ L のみの場合は周波数 $f=0$ のA点からイミッタンスチャートの上側の円に沿って周波数無限大でB点まで理想的に移動します。イン

第8章　高周波の基礎と EMC

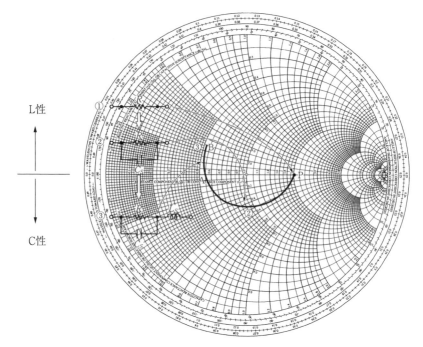

図 8-22　スミスチャート上の抵抗の動き

ダクタ L に直列に抵抗成分 r（部品のストレー成分や配線などによる）が加わった②の回路では、抵抗成分があることにより周波数 $f=0$ のときには A′ 点（抵抗成分だけ内側）から定リアクタンス円上を時計回りに B′ 点に移動します。次にインダクタ L に並列にストレーキャパシタンス C_S が加わった③の回路では周波数 $f=0$ の A 点からイミッタンスチャートの上側の円に沿って周波数が高くなると B 点まで移動し、さらに周波数が高くなると C_S によりインピーダンスが小さくなり、イミッタンスチャートの下側の円に沿って P 点の方向に移動します。

(3) キャパシタの高周波特性

● ストレーインダクタンスによる影響

　キャパシタ C のインピーダンスは $Z=\dfrac{1}{j\omega C}$ で、ストレーインダクタンス L_S と等価直列抵抗 r を含めたインピーダンス（大きさ）は次のようになります。

8.6 高周波では部品の特性が変化する

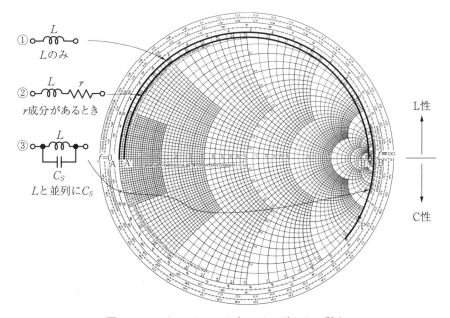

図8-23 スミスチャート上のインダクタの動き

$$|Z| = \sqrt{r^2 + \left(\omega L_S - \frac{1}{\omega C}\right)^2}$$

●イミッタンスチャート上の軌跡（図8-24）

①のキャパシタ C のみのときは周波数 $f=0$ のA点からイミッタンスチャートの下側の円に沿って周波数が高くなるとB点（インピーダンス0）まで移動します。直列に抵抗成分 r が加わった②の回路では、周波数 $f=0$ のときにはA点（キャパシタのインピーダンス∞）からイミッタンスチャート上の下側の円に沿って移動し、周波数が高くなるとキャパシタ C によるインピーダンスがゼロになり抵抗成分 r だけあるので少し内側を移動してB′点に到達します。さらにストレーインダクタンス L_S が加わった③の回路では周波数 $f=0$ のA点からイミッタンスチャートの下側の円に沿って周波数が高くなるとB′点まで移動し、さらに周波数が高くなるとインダクタンス L_S によるインピーダンスが大きくなり、イミッタンスチャートの上側の円に沿ってC点の方向に移動します。

187

第8章　高周波の基礎とEMC

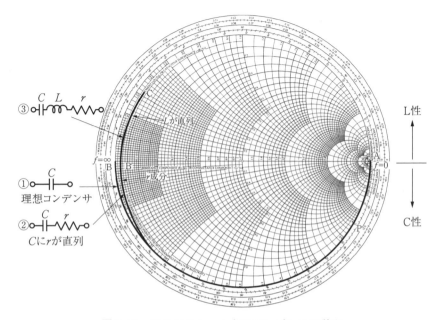

図8-24　スミスチャート上のコンデンサの動き

(4) 伝送路に接続されるICの入力インピーダンスによる影響

　ICの入力には負荷となるキャパシタンスCと抵抗$10\,\mathrm{k\Omega}$（抵抗は伝送路の特性インピーダンスZ_0に比べて大きいので無視する）があるが、伝送路を伝搬してきたクロックが負荷のキャパシタンスCに入射するとパルスの立上りではキャパシタンスに電荷がないのでショート（反射係数はマイナス1、入力レベルVの信号は$-V$となる）であり、時間が経ちキャパシタンスが充電されるとオープン（反射係数プラス1）となります。IC入力端における反射係数をρとすれば、

$$\rho = \frac{Z_L - Z_0}{Z_L + Z_0}$$

ここで、レベル1の入力信号$\left(\text{ラプラス変換は}\dfrac{1}{s}\right)$に対する反射信号$V_r(t)$のステップ応答を求めるために$Z_L$をs領域（$s=j\omega$）で表すと、$Z_L = \dfrac{1}{j\omega C} = \dfrac{1}{sC}$となり、これを上式に代入すると、

8.6 高周波では部品の特性が変化する

$$\rho = \frac{-s + \dfrac{1}{CZ_0}}{s + \dfrac{1}{CZ_0}}$$

これより反射信号 $V_r(t)$ のラプラス変換は次のようになります.

$$V_r(s) = \rho \cdot \frac{1}{s} = \frac{-s + \dfrac{1}{CZ_0}}{s\left(s + \dfrac{1}{CZ_0}\right)}$$

$$= \frac{1}{s} - \frac{2}{s + \dfrac{1}{CZ_0}}$$

上式を逆ラプラス変換すると次のようになります.

$$V_r(t) = 1 - 2e^{-\frac{t}{CZ_0}}$$

反射信号 $V_r(t)$ はマイナス 1 からプラス 1 まで変化してそのカーブは**図 8-25**

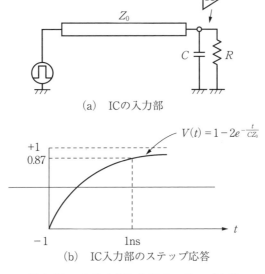

(a) IC の入力部

(b) IC 入力部のステップ応答

図 8-25 IC 入力部におけるステップ応答

のようになります。$C=10\,\mathrm{pF}$、$Z_0=120\,\Omega$、$t=1\,\mathrm{ns}$ では $V(t)=0.87$（87%）となります。

8.7
EMC性能に関わる伝送路を測定する

(1) ネットワークアナライザによる測定方法

図8-26(a)はネットワークアナライザによって長さ ℓ の伝送路（特性インピーダンス Z_ℓ、伝搬遅延 T_d）を測定する方法を示しています。ネットワークアナライザからの送信信号 V_S は $Z_0=50\,\Omega$ の同軸ケーブルを経由して伝送路の入力端aに入力され、伝送路を伝搬してネットワークアナライザへの入力端bに到達します。入力端bから $Z_0=50\,\Omega$ の同軸ケーブルを通してネットワークアナライザに入力され送信信号 V_S の大きさ及び位相差が測定され、反射係数 S_{11}（$R \cdot L$）と伝送特性 S_{21}（$I \cdot L$）の周波数特性（大きさ、位相）が表示されます。同軸ケーブルと伝送路入力端aにおける反射係数を ρ_a とすれば、$\rho_a=$

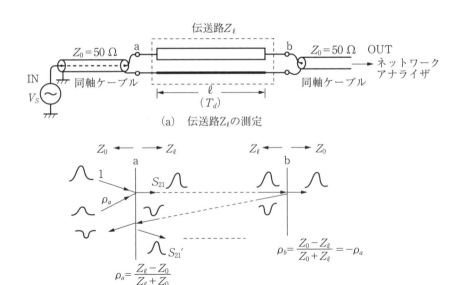

図8-26 ネットワークアナライザによる測定

8.7 EMC性能に関わる伝送路を測定する

$\dfrac{Z_\ell - Z_0}{Z_\ell + Z_0}$ で表すことができ、伝送路出力端 b における反射係数を ρ_b とすれば、$\rho_b = \dfrac{Z_0 - Z_\ell}{Z_0 + Z_\ell} = -\rho_a$（入力端とは逆位相）と表すことができます。いま、**図8-26(b)** に示すように伝送路の入力端 a に 1 のレベルの信号が入力されると反射信号は ρ_a となり、伝送路に入力された信号 S_{21} は伝送路の出力端 b では位相が反転して、反射波は入力端へと戻り、図に示すように入力端 a でそのままの位相で透過し、位相が反転して反射するとすれば、この伝送路に最大で入射される条件（最小の反射）は伝送路の入力端 a に入力される信号 S_{21} と反射による S_{21}' が同相（360 度位相差）であることが条件となります。このとき反射が最小となり、伝送される信号が最大になります。

(2) 伝送路の周波数特性

伝送路に入力される信号が最大（反射信号が最小）の条件は伝送路を往復したときの位相差が 360 度（2π rad）となる条件なので、伝送路の長さ ℓ に対する遅延時間が T_d、往復した位相差を θ とすれば $\theta = \omega t = 2\pi f t$ の関係があるので、伝送路の反射係数が最小（伝送特性が最大）となる周波数間隔を Δf とすれば、$2\pi = 2\pi \Delta f \cdot 2 T_d$ となるので周波数間隔と遅延時間の関係は次のようになります。

$$\Delta f = \dfrac{1}{2 T_d}$$

これにより伝送路の伝送特性 S_{21} と反射係数 S_{11} の周波数特性を示すと**図8-27** のようになります。反射係数が最小になる周波数は位相差が 360 度の n 倍

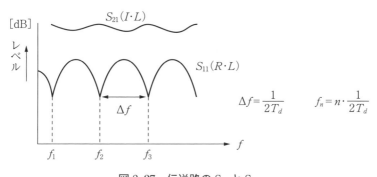

図 8-27　伝送路の S_{11} と S_{21}

第8章 高周波の基礎と EMC

ごとに現れるので、$n \cdot 2\pi = 2\pi f \cdot 2T_d$ より、

$$f_n = n \cdot \frac{1}{2T_d}$$

つまり周波数 $f_1 = \frac{1}{2T_d}$、$f_2 = 2 \cdot \frac{1}{2T_d}$、$f_2 = 3 \cdot \frac{1}{2T_d}$、…で反射係数 S_{11} が最小で伝送特性 S_{21} が最大となります。伝送路が短いほど T_d は小さくなるので、周波数 f_1 は高く、Δf は大きくなります［例：伝送路 $Z_\ell = 120\,\Omega$、$T_d = 2\,\mathrm{ns}$ のときは $f_1 = 250\,\mathrm{MHz}$、$\Delta f = 250\,\mathrm{MHz}$］。

(3) 伝送路の測定結果

図 8-28 はパターン幅 $w = 0.5\,\mathrm{mm}$、パターン厚み $t = 18\,\mu\mathrm{m}$、基板厚味 $h = 1.6\,\mathrm{mm}$、パターン長さ $\ell = 8\,\mathrm{cm}$ のときの遅延時間 $2T_d \approx 1.1\,\mathrm{ns}$ なので、$f_1 \approx 909\,\mathrm{MHz}$、$\Delta f \approx 909\,\mathrm{MHz}$ となり、ほぼ実測値（895 MHz）に一致します。

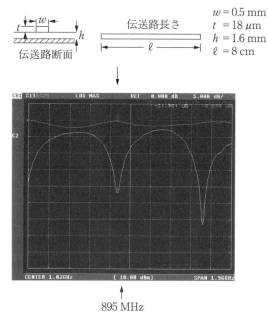

図 8-28　$\ell = 8\,\mathrm{cm}$ のマイクロストリップラインの実測

8.8 周波数スペクトルを測定する(周波数ドメイン)

オシロスコープは時間軸(タイムドメイン)で波形を測定する装置であるが、スペクトラムアナライザは周波数軸(周波数ドメイン)で波形のスペクトルの大きさを測定するものです。スーパーヘテロダイン方式のスペクトラムアナライザのブロックを示すと**図 8-29** のようになります。ここでは EMC に関する内容に絞って述べます。

①入力信号レベル

入力信号 f_S にはスペクトラムアナライザによって測定できる周波数範囲があります。また信号の最大入力レベルが制限されています。例えば、DC レベルは最大 ±50 V、電力は最大 30 dBm とパネル面に明記されています。

EMC で測定する単位には電圧で dBμV、電界で dBμV/m、電力で dBm があります。dBμV に単位は 1μV が 0 dBμV なので、100 μV の入力があれば 40 dBμV となります。電界についても 1μV/m が 0 dBμV/m に相当するので、100 μV/m の電界強度は 40 dBμV/m となります。電力については 1 mW が 0 dBm なので 30 dBm は 1 mW の 10^3 = 1000 倍なので 1 W となります。スペクトラムアナライザの入力が 50 Ω で終端されているとすれば、最大入力できる電圧レベル V_{max} は、$V_{max} = \sqrt{P_{max} \cdot R}$ より $V_{max} = 7.07 [V]$(クロックの振幅で

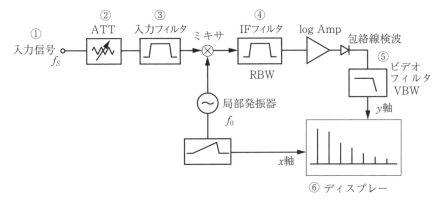

図 8-29　スペクトラムアナライザのブロック図

も高調波の正弦波レベルでも）となります。スペクトラムアナライザの入力インピーダンスは 50 Ω または 75 Ω なので、測定する信号の出力インピーダンスが高い場合や変動する場合は回路の動作への影響や測定値が不安定になるので、このようなときには入力インピーダンスが非常に高い FET プローブが使用されます。

② 入力アッテネータ（ATT）

この入力部のアッテネータ②はスペアナに入力される信号のレベルを減衰してミキサに過大な負荷がかかることを防ぎます。デジタルクロックの高調波成分を観測する場合はアッテネータを適度に設定（例：40 dB）します。小さなアナログ信号に含まれる高調波成分のレベルを観測する場合は、アッテネータのレベルを小さく（例：10 dB）しないとスペクトルが感度よく観測されなくなります。

③ 入力フィルタ

この入力フィルタは測定できる信号の周波数範囲を決めるもので低周波のスペクトルを観測する場合は最低の低域が測定すべき範囲に入っていないといけないことになります。一方、非常に高い周波数 GHz 帯の周波数を測定するときにはそれが測定できる範囲でなければなりません。スペクトラムアナライザによって測定できる周波数範囲が異なります。

④ 中間周波フィルタ（IF フィルタ）RBW

入力信号が入力フィルタによって帯域制限された周波数 f_S と局部発振器の周波数 f_0 がミキサに入力され、ミキサからの出力は $f_0 \pm f_S$ となって中間周波フィルタに入力されます。この中間周波フィルタでは入力信号の分解能（RBW：Resolution Band Width）を決めるため重要となります。RBW の設定を 1 MHz、100 kHz、10 kHz と狭くするほど分解能が上がります。分解能が上がるためにはサンプル数を多くしなければならないので掃引時間（Sweep Time）を長くしないといけなくなります。デジタルクロックの高調波のレベルを測定するには RBW はそれほど気にする必要はないですが、デジタル回路のオシレータの周波数が接近している場合を見分けるには RBW を狭くする必要があります。

⑤ビデオフィルタ

　ビデオフィルタは対数アンプと包絡線検波によって得られた信号の周波数帯域をLPFによって制限します。スペアナのVBW（Video Band Width）機能を設定することによって周波数帯域を変えることができます。IFフィルタの帯域より狭くすると早い立ち上がりの信号は観測しにくくなります。またノイズ成分は除去されるが信号レベルも低下するのでノイズと信号レベルとの兼ね合いで設定するのが適切です。あまり広い周波数帯域にするとノイズ成分も大きくなり、信号との差を見分けることができなくなります。

第9章 EMCに関する美しい方程式、波形とフーリエ級数

EMCに関する極めてシンプルな鍵（キー）となる式（美しい？）について意味を述べ、この式から、EMC設計やノイズ対策のために何をすればよいか求めることにあります。主要なものは、波源に関する作用と反作用、エネルギー保存の法則、電磁気学の法則、波動関数、オイラーの公式です。波形とフーリエ級数（フーリエ変換）についてはデジタルクロックを使用することは多くの高調波を同時に伝送することであり、波形の重要性についてはフーリエ級数（変換）、そのスペクトルの大きさの関係について知ることが重要となります。

9.1
$V = I \cdot Z$（作用力）

(1) 作用と反作用の法則

これはオームの法則を基本としたもので電子回路にエネルギーを投入して意図した動作をさせることです。そのためにはエネルギー源である電圧 V を回路ループのインピーダンス Z（配線構造 Z_ℓ と負荷 Z_L）に加えて電流 I（波）を流すことです。このことはインピーダンス Z に電源 V（エネルギー）を供

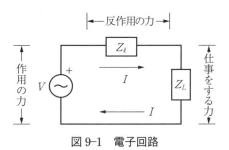

図9-1 電子回路

第9章　EMCに関する美しい方程式、波形とフーリエ級数

給させることになるので作用の式と考えることができます。当然ながら力学と同じように作用力を加えると反作用が生じることになります（**図9-1**）。

(2) 作用の力 V

エネルギー源（電源 V）から負荷までの経路には**図9-2**のように配線のループインダクタンス L_p（電流が流れる経路、$L_p = L_s - M$）と配線のループ間に存在するキャパシタンス C があり、配線の特性インピーダンス Z_ℓ は $Z_\ell = \sqrt{\dfrac{L_p}{C}}$

と表すことができます。これより図9-1の回路では次の式が成り立ちます。

$$V = I \cdot (Z_\ell + Z_L)$$

$$V - I \cdot Z_\ell = I \cdot Z_L \quad \cdots\cdots\cdots\cdots\cdots\cdots\cdots\cdots\cdots\cdots\cdots\cdots\cdots\cdots (9.1)$$

この式(9.1)は次のように考えることができます。

$$V(作用の力) - I \cdot Z_\ell(反作用の力) = I \cdot Z_L(仕事をする力) \quad \cdots\cdots (9.2)$$

式(9.2)より V（作用の力）で負荷に目的とする最大のエネルギー（高周波及び低周波のエネルギー）を送ります。EMC性能を向上させるためには、反作用の力を最小にすることです。そのためには、

① 投入エネルギー V を小さくして作用の力を弱くします。その方法は、V の大きさを最小（電流 I も最小）にします。投入エネルギー V の高周波成分

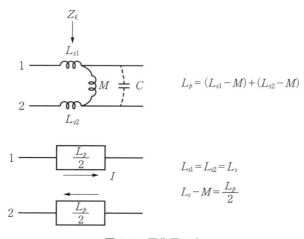

図9-2　反作用の力

$$9.2 \quad V_n = (L_s - M) \cdot \frac{dI}{dt} \quad \text{(反作用力)}$$

を最小にします（高周波ほど反作用の力は大きくなる）。

② 反作用の力 $I \cdot Z_\ell$ を弱めて最小にします。その方法は、Z_ℓ を最小にする、電流 I を最小にする。

③ 配線のループインピーダンスを最小にするには、キャパシタンス C を最大にする必要があります。これまで述べた配線間の接近、ガード電極を設ける、ベタ GND などの方法があります。

この作用の考え方は、ある物体（質量 m）に力 F を加えて物体を動かす（速度変化＝加速度）、反作用が生じることと同じ原理です。

9.2 $V_n = (L_s - M) \cdot \frac{dI}{dt}$ （反作用力）

(1) 反作用の力 V_n （$= I \cdot Z_\ell$）

力学で力 F（電圧 V に対応）を質量 m の物体（インダクタンス L に対応）に加えると質量 m は力 F に抵抗して動きを妨げようとします。この力が反作用で、力が大きく、力の加え方が速い（加速度が大きい）ほど、また質量 m が大きいほど反作用は強くなります。

この現象を図 9-1 の電子回路で考えると、反作用は $I \cdot Z_\ell$ となり、配線構造のインピーダンス特性 Z_ℓ と配線構造を流れる電流 I との積によって決まります。いま、この反作用の力を V_n とおけば $V_n = I \cdot Z_\ell$ となります。この図 9-2 の配線構造から反作用の力 V_n と配線構造のインピーダンス特性 Z_ℓ は次のように表すことができます（第 4 章 4.10 参照）。

$$V_n = (L_s - M) \cdot \frac{dI}{dt} \quad \cdots\cdots\cdots\cdots\cdots\cdots\cdots\cdots\cdots (9.3)$$

$$Z_\ell = \sqrt{\frac{L_p}{C}} = \sqrt{\frac{(L_s - M)}{C}} \quad \cdots\cdots\cdots\cdots\cdots\cdots\cdots\cdots (9.4)$$

この反作用の力 V_n は電子回路への投入エネルギー V とは逆向きとなるので $V_n = -V$（逆起電力）となります。この反作用力 V_n は瞬間に力（加速度があるとき、つまり電流が変化したときのみ）を加えたときのみ発生することがわかります。作用の力が変化しないときにはゼロとなります。EMC では反作用

の力 V_n を弱くしなければなりません。

反作用の力 V_n を最小にするためには、

① 配線構造（L_s-M）より、配線のループインダクタンス L_p を最小にします。そのためには配線1、2の自己インダクタンス L_s を最小にします。配線1と配線2間の電磁結合 M を最大にすることです。このことは配線構造内に電界 E と磁界 H のエネルギーを最大に閉じ込める（放射されるノイズを最小化）ことを意味しています。

② 式（9.4）から配線構造のインピーダンス Z_ℓ を最小にすることです。インピーダンスを決めるループインダクタンス L_p とキャパシタンス C の関係には一定の関係 $L_p \cdot C = v^2$（v は回路を伝搬する電磁波の速度）があります。これより、C を大きくすれば、L_p は小さくなります。C 最大化と L_p 最小化の対策は同じとなります。

③ 電流の時間変化 $\frac{dI}{dt}$ を最小にするためには、電流が作用力 V によって決まるので、作用力の加え方 $\frac{dV}{dt}$ を最小にします。

④ 微分演算子 $\frac{d}{dt}$ を $j\omega = j2\pi f$ とおけば、$\left|\frac{dI}{dt}\right| = 2\pi f \cdot I$（周波数 f の電流 I）となるので、高周波の電流 I を低減することです。そのためには配線構造に LPF を挿入して高周波成分を低減することができます。

この反作用力が電子回路内部の状況を変えて（ノーマルモード電流の一部をコモンモードノイズ電流に変換）電子回路周辺の空間の状況（電気的な場：電界、磁気的な場：磁界）を変化させることになります（**図 9-3** の放射エネルギー）。

(2) 反作用力による空間状態（$P_n = E_n \times H_n$）

反作用力によって生じた空間は電界 E_n と磁界 H_n によるエネルギーを持ち、その電力 P_n はポインティングベクトルで次のようになります。

$$P_n = E_n \times H_n \quad \cdots\cdots\cdots\cdots\cdots\cdots\cdots (9.5)$$

EMC では、この単位面積当たりの電力（エネルギーに相当）、つまりこの電力密度を配線構造内（L_s-M）に最大に閉じ込めると、配線構造以外の空間の電力密度は最小となります。そのためには、ループインダクタンス（L_s-

9.3　$P_{in}=P_h+P_z+P_n$（エネルギー保存の法則）

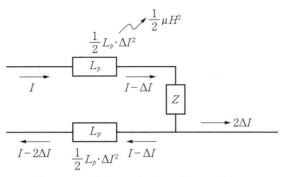

(a)　電流の減少分が磁界のエネルギーとなる

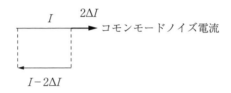

(b)　ノーマルモード成分からコモンモード成分が生じる

図9-3　回路ループに生じるコモンモード成分

M）を最小にすることが必要です。

9.3
$P_{in}=P_h+P_z+P_n$（エネルギー保存の法則）

　エネルギー保存の法則は式(9.1)の両辺に電流Iを掛けることによって次の式が得られます。

　　　$I \cdot V = I^2 \cdot Z_\ell + I^2 \cdot Z_L$

　これより電子回路に投入される電力$P_{in}=I \cdot V$（エネルギー）は負荷に到達するまでに熱に変換される電力P_hと、配線構造の外部空間に電磁波によって運ばれるノイズ電力P_nの合計（$I^2 \cdot Z_\ell$）と、配線構造の内部を電磁波によって運ばれる負荷電力P_z（$I^2 \cdot Z_L$）の和を示しているので、エネルギー保存の法則

は次のように考えられます（第 10 章 10.9(7) 参照）。

（投入電力）＝（熱による電力）＋（負荷へ伝搬される電力）＋（空間に放出された電力）

$$P_{in} = P_h + P_z + P_n \quad \cdots\cdots\cdots\cdots\cdots\cdots\cdots\cdots\cdots\cdots (9.6)$$

式(9.6)を次のように変形します（ノイズ対策の方針）。

$$P_n = P_{in} - P_h - P_z \quad \cdots\cdots\cdots\cdots\cdots\cdots\cdots\cdots\cdots\cdots (9.7)$$

式(9.7)に基づいて放射ノイズ P_n を最小にするためには、P_{in} を最小、P_h を最大、P_z を最大にしなければなりません（具体的な方法は第 3 章 3.10 参照）。空間に放射される電磁波は電子回路の反作用力 V_n によって空間に放出された電力で次のように表すことができます。

$$P_n = I \cdot V_n \propto E_n \times H_n$$

負荷に伝搬する電磁波 P_z が大きいほど、外部空間に漏れる電磁波 P_n が少なくなります。この空間に放射されるノイズは図 9-3 の回路ループ内のノーマルモード電流成分 I からコモンモードノイズに変換された $2\Delta I$ によって生じたものです。さらにこのコモンモードノイズ電流 $2\Delta I$ は回路ループ以外にも流れ、ケーブルなどの長さがあるところから放射されることになります。

9.4 $\rho = \dfrac{Z_\ell - Z_L}{Z_\ell + Z_L}$（共振現象によるエネルギーの最大化）

反射とは共振現象（エネルギーの最大化）でありインピーダンスマッチングに関するもので電圧波の反射係数を ρ_v（電流波の反射係数 $\rho_I = -\rho_v$）とすれば、インピーダンスマッチングの状態はインピーダンス Z_ℓ と異なるインピーダンス Z_L との関係のみで決まります。インピーダンスが異なると、その境界で反射が起こります。このことはすでに述べたように直列共振（電流波の定在波）または並列共振（電圧波の定在波）が生じて波のエネルギーが最大になることです。対策方法は第 4 章で述べた内容（インピーダンスマッチングを含む）となります。

9.5
$\dfrac{\rho}{\varepsilon}=\mathrm{div}\,E$（電荷から電界の発生）

ガウスの法則で、誘電体媒質 ε にある電荷密度 ρ（電荷変動）から電気力線（電界 E）が湧き出すことを示しています。外部空間への湧き出し量を少なくすることがノイズ対策となります。第5章5.3で述べた内容が電界 E を最小化する方法となります。

9.6
$J=\sigma E$、$J=\varepsilon\cdot\dfrac{dE}{dt}$、$J=\mathrm{rot}\,H$（電界から電流、電流が磁界の回転を生み出す）

伝導電流 $J=\sigma E$ と変位電流 $J=\varepsilon\cdot\dfrac{dE}{dt}$ とも電界 E があると生じる、電流 J が流れると磁界 H が右回りに回転することを意味しています。このことから電界 E とは電流 J を発生させる力です。外部に発生する磁界 H を最小にするためには、伝導電流 J（高調波成分）を最小にします。変位電流の時間変化 $\dfrac{dE}{dt}$ を最小（高周波成分を最小、電圧の時間変化を最小）に、誘電率 ε の媒質に変位電流が最大に流れるようにします。

$\mathrm{rot}\,H\left[\dfrac{\mathrm{A}}{\mathrm{m}^2}\right]$ は単位面積に流れる電流の効率を示しています。これより単位面積当たりに発生する電流効率を悪くするためには電流が流れるループの面積を小さくすればよい。

9.7
$\mu\dfrac{\partial H}{\partial t}=-\mathrm{rot}\,E$（磁界が電界の回転を生み出す）

磁界の変化が電界の回転を生み出すことを示すファラデーの電磁誘導の法則の式で、磁力線の時間変化 $\dfrac{\partial H}{\partial t}$（磁性媒質 μ に磁界が集中）が電気力線（電界 E）の左回転（マイナス記号）を生み出すことを意味しています。この電界 E が回転する周囲長を ℓ とすれば発生する電圧は $E\cdot\ell$ となります。これより磁界 H とは電圧を発生させる力です。

右辺の $\mathrm{rot}\,E\left[\dfrac{\mathrm{V}}{\mathrm{m}^2}\right]$ は単位面積に発生する電圧の効率を示しているため、

磁力線が通過する回路ループの面積を最小にすることによって電界 E を最小にすることができます。このことが EMI（エミッション）にもイミュニティにも有効となります。

9.8
$$\frac{\partial^2 u}{\partial x^2} = \frac{1}{v^2} \cdot \frac{\partial^2 u}{\partial t^2}$$ **（波動方程式）**

(1) 波動方程式は波の現象を示す基本式

　この式は波の変位 u と波の進行（速度 v）が x 方向の 1 次元の波動方程式を表していますが、さまざまな波の現象を示す基本式は波動方程式によって表すことができます（第 10 章 10.2 参照）。電磁波も波動方程式に従います。

　波動方程式 $\frac{\partial^2 u}{\partial x^2} = \frac{1}{v^2} \cdot \frac{\partial^2 u}{\partial t^2}$ において、$\frac{\partial^2 u}{\partial x^2}$ は時間を固定して位置 x に対する波の変位 u の 2 次微分を示しており、$\frac{\partial^2 u}{\partial t^2}$ は位置（距離）を固定して時間 t に対する波の変位 u の 2 次微分を示しています。この 2 つが波の速度（位相）v の 2 乗によって結び付けられています。

- 2 次微分 $\frac{\partial^2}{\partial x^2}$ $\left(\frac{\partial^2}{\partial t^2}\right)$ は距離が離れるまたは時間が経過するとともに波の変化が平均値に至ることを示しています。多くの物理現象はこのような 2 次微分の形で表現されることが多いです（2 次微分の意味は第 10 章 10.5(2) 参照）。

9.9
$e^{j\theta} = \cos\theta + j\sin\theta$ **（オイラーの公式）**

　三角関数、指数関数、虚数がひとつにまとまって、そして応用範囲が広い、なんと美しい式か？

　式の求め方は、e^x、$\sin\theta$、$\cos\theta$ をテーラー展開（$f(x) = a_0 + a_1 x + a_2 x^2 + a_3 x^3 + \cdots$、両辺を順次微分して定数 a_n を求める）によって展開して、$x = j\theta$ とおくと $\sin\theta$ と $\cos\theta$ が結び付けられ、オイラーの公式が得られます。この公式はさまざまな分野で応用されていますが、ここでは EMC に関する波動と信号に関わるフーリエ級数（フーリエ変換）の一部のみへの応用に限定します。

(1) 波動の表現（複素数で表す）

1次元の波を複素数で $u = A \cdot e^{j(kx-\omega t)}$ と表し（x 方向に進む波、波の実数部分は $u = A\cos(kx-\omega t)$）、変位を x で2回微分すると $\frac{\partial^2 u}{\partial x^2} = -Ak^2 e^{j(kx-\omega t)}$、同様にして変位を t で2回微分すると $\frac{\partial^2 u}{\partial t^2} = -A\omega^2 e^{j(kx-\omega t)}$ となり、これらを波動方程式に代入すると $k^2 = \frac{\omega^2}{v^2}$ $\left(k = \pm\frac{\omega}{v}\right)$ の関係が得られます。これより波の進む方向の速度にはプラスとマイナス方向があるので、波数 k が＋のときには、x 軸方向正の向きに進む波を表し、波数 k が－のときには、x 軸方向負の向きに進む波を表すことができます。波の速度は $v = \frac{\omega}{k}$ なので、$v = \frac{2\pi f}{\left(\frac{2\pi}{\lambda}\right)} = f \cdot \lambda$

が得られます。

(2) 複素フーリエ級数展開

オイラーの公式 $e^{j\theta} = \cos\theta + j\sin\theta$ において、θ を $-\theta$ とおくと $e^{-j\theta} = \cos\theta - j\sin\theta$ となり、$\sin\theta$ と $\cos\theta$ は次のようになります。

$$\cos\theta = \frac{e^{j\theta} + e^{-j\theta}}{2}, \quad \sin\theta = \frac{e^{j\theta} - e^{-j\theta}}{2j}$$

これをフーリエ級数の展開式に代入して解くと、複素フーリエ級数の展開式が得られ、さらにフーリエ変換した式を導くことができます（第10章 10.6【2】【6】）。

9.10 美しい波形とフーリエ級数（周波数スペクトル）

(1) 周期的に繰り返す波形のフーリエ級数（クロックの高調波成分）

デジタルクロックのような周期的に繰り返す波形はきれいな波である sin と cos の和（sin のみまたは cos のみ）で表すことができることを数学者のフーリエが発見しました。フーリエ級数展開は周期的な時間軸（タイムドメイン）の波形から周波数スペクトルの形（周波数ドメイン）に展開することであり、フーリエ変換は非周期的な波形の周波数スペクトルを求めることができます（周期から非周期への変換）。

第 9 章　EMC に関する美しい方程式、波形とフーリエ級数

　デジタルクロックとその周波数スペクトルとの関係を把握して、どのような場合にスペクトルの大きさ（エネルギー）を最小にできるのか、EMC 設計ではそのスペクトルの大きさを最小にするための条件を求めることです。そのためにはフーリエ級数やフーリエ変換の知識を使いこなすことが必要となります。フーリエ級数によって周期的に繰り返す関数はその高調波成分の大きさを知ることができます。実際のデジタル回路で扱うクロックは周期的に繰り返しますが、非線形の IC や回路によって数学で表現される理想的な状況と異なる波形となります。このデジタルクロックの高調波成分が何らかの影響、例えば振幅や位相の変化があれば波形がひずみ、理想的な条件から大きく乖離します。この波形ひずみは信号伝送線路の非線形特性（インダクタンスやキャパシタンス成分、共振等）によるものです。このような状況が発生すると空間に電磁波が放射され、ノイズが伝導して回路の誤動作や S/N の劣化等になります。

　EMC にとって重要なデジタルクロックはどのくらいまでの周波数成分を含むのか知りたい、そのスペクトルの周波数特性を知り、信号のエネルギーを低減するためには何をすればよいかを導く。そのための有力な方法がフーリエ級数と非周期的な波形まで拡張したフーリエ変換の手法です。この手法を用いて EMC 設計及びノイズ対策を考えることができます。波形の悪い信号（回路）は放射されるノイズ及び外部に伝導するコモンモードノイズも多くなり、また外部からのノイズの影響も受けやすくなります。

(2) デジタルクロックは多くの周波数成分の波を加算したものである

　オシロスコープは波形（波の形）を観測するものであり、主として低次の周波数スペクトルを加算したものの変化を捉えることができます。図 9-4(a) に示す周期的に繰り返すパルスは高調波成分が抜けた（丸みを帯びた、なまった波形、カドがとれた）波形と、高調波成分の波形（立上りと立下りの部分の波形、カドがある波形）を合成（加算）したものです。オシロスコープは波形を観測することはできるが、高調波成分の周波数スペクトルの大きさや高調波のレベル、位相が変化したときの波形への影響がわからない。そのため、波形に含まれる周波数ごとの大きさを測定するにはスペクトラムアナライザが必要となります。図 9-4(a) のパルスを伝送回路に印加することは、パルスに含まれ

9.10 美しい波形とフーリエ級数（周波数スペクトル）

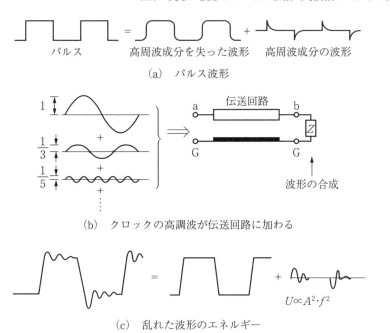

(a) パルス波形

(b) クロックの高調波が伝送回路に加わる

(c) 乱れた波形のエネルギー

図 9-4　パルスを伝送回路に加える

ているすべての高調波を同時に加えて、負荷 Z に到達したそれぞれの高調波成分を合成しています（**図 9-4(b)**）。高調波成分のうち、ある領域の周波数成分が変化すると負荷の波形は変化してしまうことになります。波形が変化することは高調波成分が伝送路の途中でロス（熱損失や空間への放射）または負荷端で反射などによって大きさや位相が変化してしまうことが考えられます。波形にリンギングやオーバーシュート、アンダーシュートが生じるとその余分な波形（高周波成分）のエネルギーが大きくなって元の波形のときに比べて多くなります（**図 9-4(c)**）。このような現象が起こると EMC 性能（EMI とイミュニティ特性）は劣化することになります。

(3) デジタルクロック（矩形波：立上りが速い）の周波数スペクトラム

振幅 A、パルス幅 P、周期 T $\left(クロック周波数 f_c = \dfrac{1}{T}\right)$ で繰り返す**図 9-5(a)** のデジタルクロックの周波数スペクトルは**図 9-5(b)**のようになり、エンベロ

第 9 章　EMC に関する美しい方程式、波形とフーリエ級数

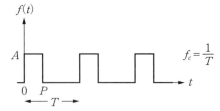

(a)　duty 比 $\frac{P}{T}$、振幅 A のクロック ($t_r = 0$)

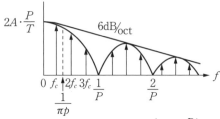

(b)　周波数スペクトル $\left(\text{duty}\ \frac{P}{T} \right)$

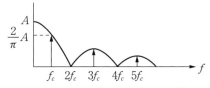

(c)　周波数スペクトル $\left(\text{duty} 50\%\quad P = \frac{T}{2},\ 2f_c = \frac{1}{P} \right)$

図 9-5　デジタルクロック $\left(\text{duty 比}\ \frac{P}{T}、振幅\ A、立上り時間\ t_r = 0 \right)$ の周波数スペクトル

ープ $\dfrac{\sin(\pi fP)}{\pi fP}\left(\dfrac{\sin x}{x} \text{の形} \right)$ によって大きさが決まり、エンベロープの大きさがゼロになるのは $\pi fP = n\pi$ ($n = 1, 2, 3, \cdots$) のとき、つまり $f = \dfrac{1}{P}$ の整数倍のときとなります。これは数学的にパルスの立上り時間と立下り時間をゼロとしたときなので、クロックの周波数は低いがパルスの立上りと立下り急峻のときや高速のパルスのときを予測することができます。**図 9-5(c)** はパルスの duty $\left(\dfrac{P}{T} \right)$ が 50 ％のときの周波数スペクトルを示したもので、クロックの偶数倍の高調波の周波数でスペクトルの大きさがゼロとなります。矩形波も台形

9.10 美しい波形とフーリエ級数（周波数スペクトル）

波も duty $\left(\dfrac{P}{T}\right)$ が50％から少しずれると偶数次が多くなります。これに対して奇数次の高調波は安定していることを示しています。こうした現象を考えると、EMI測定したときの気温の差、電源変動の状況など、測定日ごとにスペクトルの大きさが変動する現象は偶数次スペクトルの不安定性によることが考えられます。

(4) 台形波（デジタルクロック）の周波数スペクトラム

矩形波（**図 9-6(a)**）に比べて台形波は**図 9-6(b)**に示すように有限な立上り時間 t_r と立下り時間 t_f を持っているのが特徴です。台形波の周波数スペクトルを計算すると（第10章10.6【3】参照）**図 9-6(c)**のカーブBとなります。矩

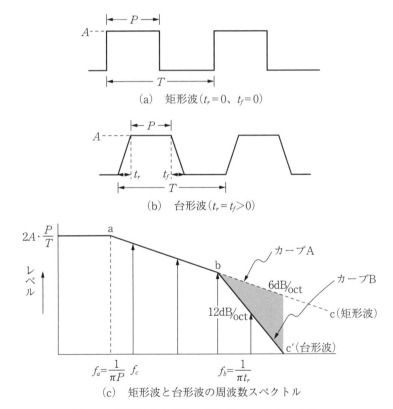

(a) 矩形波（$t_r=0$、$t_f=0$）

(b) 台形波（$t_r=t_f>0$）

(c) 矩形波と台形波の周波数スペクトル

図 9-6　矩形波と台形波の周波数スペクトルの違い

形波のスペクトルの包絡線は第1の折れ点周波数 $f_a = \dfrac{1}{\pi P}$ の a 点から c 点へと 6 dB/oct $\left(\text{周波数が 2 倍になると 6 dB }\left(\text{大きさが}\dfrac{1}{2}\right)\right)$ 低下するカーブとなります。これに対して台形波は第1の折れ点周波数の他にパルスの立上り時間で決まる第2の折れ点周波数 b $\left(f_b = \dfrac{1}{\pi t_r}\right)$ から 12 dB/oct $\left(\text{周波数が 2 倍になると 12 dB }\left(\text{大きさが}\dfrac{1}{4}\right)\right)$ 低下するカーブ B となります。図 9-6(c) の塗りつぶした部分の差が立上り時間と立下り時間の差ということになります。クロックの平均値のレベルはともに $2A \cdot \dfrac{P}{T}$ の大きさで変わりません。

［ノイズ対策］

台形波の周波数スペクトルから信号源の大きさ V_S を低減（放射ノイズを低減）するためには、

① 放射ノイズは周波数が高いほどエネルギーが大きいので、高周波成分のスペクトルを減衰させる。そのためには、クロックの立上り時間 t_r（立下り時間 t_f）を長くする（一般的に波形をなまらせる、高周波成分を除去する）ことが有効です。

② クロックの振幅 A を小さくする（電圧を低く）と低域から広域までのスペクトルは減衰する、パルス幅 P を小さくすると低周波領域のスペクトルが減衰する。

③ ①に関連して高周波成分を低減するために LPF（ローパスフィルタ）を使用する。

④ 特定周波数のみ取り出し（正弦波）、その周波数のスペクトル成分のみ利用する。

(5) Duty を小さくしたスイッチング電流ノイズ（パルス幅 P が小さいとき）

デジタル回路で IC がスイッチングしたときにはクロックが変化するたびに **図 9-7(a)** のようなスイッチング電流が流れます。この電流波形の周波数は台形波の周波数 f_c の 2 倍となるので、$2f_c$ が基本周波数となります。台形波の周波数スペクトルは **図 9-7(b)** のように平均値のレベルの大きさは $2A \cdot \dfrac{P}{T}$ なので、

9.10 美しい波形とフーリエ級数（周波数スペクトル）

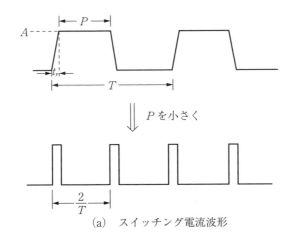

(a) スイッチング電流波形

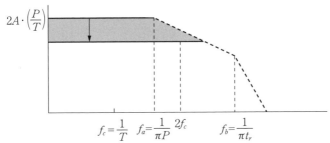

(b) スイッチング電流の周波数スペクトラム $\left(\dfrac{P}{T}\text{が小になる}\right)$

図 9-7　スイッチング電流波形とその周波数スペクトラム

パルス幅 P が小さくなると平均値は低くなり図の斜線部が低下した分となります。このことは平均値と低域の周波数スペクトルは減少するが、相当細いパルスにして平均値レベルを下げないと折れ点周波数 f_b 以降の周波数スペクトルを低減することができないということになります。パルス幅 P が小さくなることは低域から中域の周波数スペクトルが低減することになります。

(6) 変位電流と逆起電力の波形とその周波数スペクトル

● 変位電流と逆起電力の波形の大きさ

　図 9-8 には理想的な台形波ではなく、実際のデジタルクロックとして使用している台形波を示したものです。この波形を微分したものが変位電流の波形な

第9章 EMCに関する美しい方程式、波形とフーリエ級数

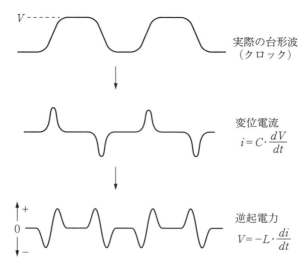

図9-8 変位電流と逆起電力（コモンモードノイズ源）の波形

ので滑らかに変化したものとなります。この変位電流の波形をさらに微分したものが逆起電力（コモンモードノイズ源）の波形となるので変位電流の立上りまたは立下りの部分に対して、ゼロレベルを中心に上下に振動する波形となり、変位電流波形（f）に比べて含まれている周波数成分（f^2）も多くなり、波形のエネルギーが大きくなることが考えられます。

● 変位電流と逆起電力の周波数スペクトル

キャパシタに流れる変位電流は $i = C \cdot \dfrac{dV}{dt}$ で表されるので、電圧信号の台形波を微分 $\left(\dfrac{dV}{dt}\right)$ することによって図9-9(b)のような波形となります。低域では第1の折れ点周波数 f_a までは6 dB/octで上昇して、第2の折れ点周波数 f_b まではスペクトルの大きさは変化しないで、その後6 dB/octのカーブで減衰していくことになります。次に逆起電力 $V_n = L \dfrac{di}{dt} = LC \cdot \dfrac{d^2V}{dt^2}$ の周波数スペクトルは図9-9(c)のように第1の折れ点周波数 f_a までは12 dB/octで上昇して、f_a から第2の折れ点周波数 f_b までは6 dB/octで上昇して、f_b 以降は一定のレベルとなります。このように逆起電力波形の周波数スペクトルは変位電流の周波数スペクトルに対してすべての領域で6 dB/octだけ持ち上げられた形となっているため、スペクトルのエネルギーが大きくなると言えます。

9.10 美しい波形とフーリエ級数（周波数スペクトル）

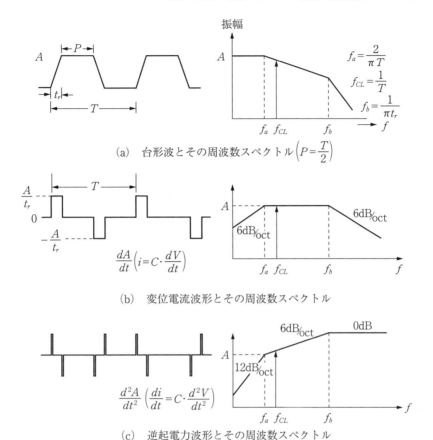

(a) 台形波とその周波数スペクトル $\left(P=\dfrac{T}{2}\right)$

(b) 変位電流波形とその周波数スペクトル

(c) 逆起電力波形とその周波数スペクトル

図 9-9　変位電流と逆起電力の周波数スペクトル

フーリエ級数やフーリ変換に関しては第 10 章 10.6 と 10.7 に詳しい流れを記載しています。

第10章

補　足

10.1
自己インダクタンスとループインダクタンス

(1) 自己インダクタンス

図10-1(a)のように半径 r の長さ ℓ の配線に電流 I を流すと配線の周囲には磁力線 ϕ が発生します。自己インダクタンス L_s は $\phi = L_s \cdot I$ で定義され（磁力線が自身の配線のみを囲む）、磁力線が生じる領域の透磁率を μ とすれば、$\mu = \mu_0 \cdot \mu_r$ なので空気中または磁性特性を持たなければ $\mu_r = 1$ なので、$\mu = \mu_0$ となります（以下 $\mu = \mu_0$ とする）。1本の配線の自己インダクタンス L_s [H] は次のようになります。

$$L_s = \frac{\mu_0}{2\pi} \ell \left(\ln \frac{2\ell}{r} - 1 \right) \quad \cdots\cdots\cdots\cdots (10.1)$$

これより自己インダクタンスは透磁率、長さ、長さと半径の比の対数によって決まります。自己インダクタンスを小さくするためには、配線のような場合は長さを短く、形状を大きく（半径）すればよいことがわかります。プリント基板で使用する面積の広いGNDは電流が流れる方向に短く、幅広くすれば自己インダクタンスは小さくなります $\left(\text{幅 } w、\text{厚み } t、\text{長さ } \ell \text{のパターンの自己インダクタンスは } L_s \fallingdotseq \frac{\mu_0}{2\pi} \ell \left[\ln \left(\frac{2\ell}{t+w} \right) + 0.5 \right] \text{[H]} \left(\frac{\ell}{w} > 1 \text{のとき} \right) \right)$。

(2) 相互インダクタンス

相互インダクタンス M とは、図10-1(b)で配線1に流した電流 I による磁力線が配線2を囲むとき、配線1から配線2に至る経路には相互のインダクタ

第10章 補　足

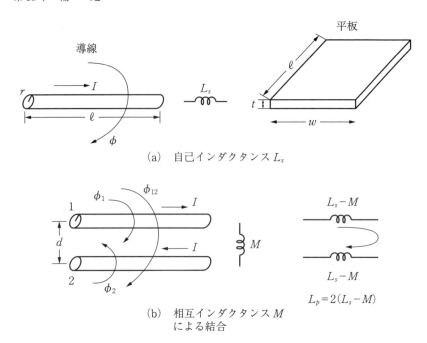

(a) 自己インダクタンス L_s

(b) 相互インダクタンス M
による結合

図10-1　自己インダクタンスとループインダクタンス

ンス M が存在するとして考え、$\phi_{12} = M \cdot I$ で定義される M を相互インダクタンスと呼びます（配線2から配線1に至る ϕ_{21} も ϕ_{12} に等しい）。この相互インダクタンスも周辺媒質の透磁率 μ_0、長さ ℓ、配線間の距離 d に対する長さの対数に比例し、次の式で表すことができます。

$$M = \frac{\mu_0}{2\pi} \ell \left(\ln \frac{2\ell}{d} - 1 \right) \quad \cdots \cdots \cdots (10.2)$$

(3) ループインダクタンス

図10-1(b)において自己インダクタンス L_s と相互インダクタンス M がわかれば、配線2に流れる電流 I によって生じる磁力線 $\phi_2 = L_s \cdot I$ と配線1によって配線2に生じる磁力線 $\phi_{12} = M \cdot I$ は逆方向なので配線2自身に生じる磁力線は $\phi_2 - \phi_{12}$ と減る方向なので $\phi_2 - \phi_{12} = (L_s - M) \cdot I$ となり、2本の配線があるとループインダクタンス（電流が流れるループ）は2倍の $L_p = 2(L_s - M)$ となります。これよりループインダクタンスは式(10.1)と式(10.2)から次のよう

216

に求めることができます。

$$L_p = 2\left[\frac{\mu_0}{2\pi}\ell\left(\ln\frac{2\ell}{r}-1\right) - \frac{\mu_0}{2\pi}\left(\ln\frac{2\ell}{d}-1\right)\right]$$

$$= \frac{\mu_0}{\pi}\ell\left(\ln d - \ln r\right) = \frac{\mu_0}{\pi}\ell\cdot\ln\left(\frac{d}{r}\right) \quad\cdots\cdots\cdots\cdots\cdots\cdots\cdots\cdots\cdots\cdots (10.3)$$

式(10.3)からループインダクタンス L_p は透磁率 μ_0、配線の長さ ℓ、配線の半径 r（形状）に対する配線間の距離 d の対数によって決まります。L_p を小さくするためには、配線の長さ ℓ を短くする、配線形状を太くする（幅広く）、配線間の距離 d を短くすればよいことがわかります。ループインダクタンス（$L_s - M$）を小さくすることは EMC 基本式の反作用 V_n を小さくすることになります。

(4) 平行・平板プレーンのループインダクタンス

電源・GND プレーンのような平行・平板の伝送路（図 1-8(a)）のプレーンの幅を w、平行・平板間の厚みを h、長さを ℓ とすれば、電流 I が流れる方向が伝送路 1 と伝送路 2 では逆となるので伝送路の周辺に発生する磁力線はパターン間距離 h とパターン長さ ℓ の面積（$\ell \times h$）の部分を通ります。伝送路周辺の磁界は伝送路に平行となり 1 本の伝送路では磁界 H を一周積分すると内部の電流 I に等しいことから $H = \dfrac{I}{2w}$ となります。もう一方の伝送路 2 による磁界も同じ大きさで伝送路内部では同じ方向なので 2 倍となり、合計で $H = \dfrac{I}{w}$ となります。面積 S（$\ell \cdot h$）を貫く総磁力線 ϕ は $\phi = B \cdot S (\mu \cdot H \cdot \ell \cdot h)$ となり、$H = \dfrac{I}{w}$ を代入すると $\phi = \dfrac{\mu_0 I \ell h}{w}$ となります。これよりループインダクタンス L_p は次のようになります。

$$L_p = \frac{\phi}{I} = \mu_0 \cdot \frac{\ell \cdot h}{w} \quad\cdots\cdots\cdots\cdots\cdots\cdots\cdots\cdots\cdots\cdots\cdots\cdots\cdots\cdots (10.4)$$

ループインダクタンスを小さくするためには、幅 w を大きく、長さ ℓ を短く、パターン間距離 h を小さくすればよいことがわかります。

さらに長さ ℓ と幅 w を等しくすると（正方形パターン）、式(10.4)よりループインダクタンス L_p は $\mu_0 \cdot h$ となり、透磁率と厚みのみによって決まります。

厚みhを薄くするほどループインダクタンスは小さくなります。このことから正方形の大きさが相似なら同じインダクタンス値を持つことになります（不思議なこと）。配線のループインダクタンスは配線間距離hの対数に反比例するが、平行・平板の場合は平板間の距離hに反比例するので直線的に減少していくことになります。

10.2
波動方程式

(1) 波動方程式を求める

波動方程式はあらゆる波の振る舞いを示す共通の方程式となります。力学的な力のつり合いを考えた方程式によって1次元の波動方程式を導きます。例として、琴のような楽器の弦を伝わる波の微小部分を表すと**図10-2(a)**のようになります。x軸に位置を、縦軸を変位uとして、位置xにおける変位Aを$u(x, t)$、少し離れた位置$x+\Delta x$における変位Bを$u(x+\Delta x, t)$とすれば、微小区間AB

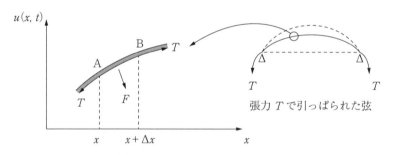

(a) 弦と伝わる横波の微小部分

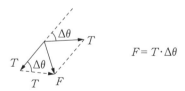

(b) 微小AB間に働く力（T、F）

図10-2 張力Tで引っぱられた弦の振動

における力関係は**図 10-2(b)**のようになります。ここで A 点と B 点における傾きは $\dfrac{\partial u(x, t)}{\partial x}$、$\dfrac{\partial u(x+\Delta x, t)}{\partial x}$ なので傾きの差 $\Delta\theta$ は次のようになります。

$$\Delta\theta = \dfrac{\partial u(x, t)}{\partial x} - \dfrac{\partial u(x+\Delta x, t)}{\partial x}$$

次に弦の張力 T は微小区間 AB ではそれぞれ等しく、弦の移動しようとする力 F と張力 T には $F = T \cdot \Delta\theta$ の関係があるので力 F は次のようになります。

$$F = T \cdot \Delta\theta = T \left(\dfrac{\partial u(x, t)}{\partial x} - \dfrac{\partial u(x+\Delta x, t)}{\partial x} \right) \quad \cdots\cdots (10.5)$$

AB の部分の運動は弦の質量 m と加速度 α によって決まる力 F が生じることになります。この力は図 10-2(a)で変位 u が増加する方向をプラスとすれば、マイナス方向となり、弦 AB の単位長さ当たりの質量を ρ [kg/m] とすれば $m = \rho \cdot \Delta x$ [kg]、加速度 α は $\alpha = \dfrac{\partial^2 u}{\partial t^2}$ [m/s^2] となるので力 F は次のようになります。

$$F = -m \cdot \alpha = -\rho \cdot \Delta x \cdot \dfrac{\partial^2 u}{\partial t^2} \quad \cdots\cdots (10.6)$$

式(10.5)と式(10.6)を等しいとおくと次のようになります。

$$\rho \cdot \Delta x \cdot \dfrac{\partial^2 u}{\partial t^2} = T \left(\dfrac{\partial u(x+\Delta x, t)}{\partial x} - \dfrac{\partial u(x, t)}{\partial x} \right)$$

$$\rho \cdot \dfrac{\partial^2 u}{\partial t^2} = T \cdot \left[\dfrac{1}{\Delta x} \cdot \left(\dfrac{\partial u(x+\Delta x, t)}{\partial x} - \dfrac{\partial u(x, t)}{\partial x} \right) \right]$$

$$= T \cdot \dfrac{\partial^2 u}{\partial x^2} \quad \cdots\cdots (10.7)$$

式(10.7)において $v^2 = \dfrac{T}{\rho}$ とおくと、$\dfrac{T}{\rho} \left[\dfrac{\text{kg} \cdot \text{m/s}^2}{\text{kg/m}} = \text{m}^2/\text{s}^2 \right]$ となり、弦の波が進む速度は $v = \sqrt{\dfrac{T}{\rho}}$ [m/s] となります。したがって、1 次元の方向に進む波の波動方程式は次のように求めることができます。

$$\dfrac{\partial^2 u}{\partial t^2} = v^2 \cdot \dfrac{\partial^2 u}{\partial x^2} \quad \cdots\cdots (10.8)$$

第10章 補　足

(2) 波動方程式を満たす条件

波動方程式の一般解を $y(z, t) = f(z + v \cdot t) + g(z - v \cdot t)$ として、z について偏微分すると、

$$\frac{\partial y}{\partial z} = \frac{\partial f}{\partial z}(z + vt) + \frac{\partial g}{\partial z}(z - vt)$$

さらに z で偏微分すると次のようになります。

$$\frac{\partial^2 y}{\partial z^2} = \frac{\partial^2 f}{\partial z^2}(z + vt) + \frac{\partial^2 g}{\partial z^2}(z - vt) \quad \cdots\cdots\cdots\cdots (10.9)$$

次に t について偏微分すると、

$$\frac{\partial y}{\partial t} = v \cdot \frac{\partial f}{\partial t}(z + vt) - v \cdot \frac{\partial g}{\partial t}(z - vt)$$

さらに t について偏微分すると次のようになります。

$$\frac{\partial^2 y}{\partial t^2} = v^2 \cdot \left[\frac{\partial^2 f}{\partial t^2}(z + vt) + \frac{\partial^2 g}{\partial t^2}(z - vt) \right] \quad \cdots\cdots\cdots\cdots (10.10)$$

式 (10.9) と式 (10.10) から $\frac{\partial^2 y}{\partial t^2} = v^2 \cdot \frac{\partial^2 y}{\partial z^2}$ が得られます。これより関数 $y(z, t)$ は波動方程式 (10.8) の解となっていることがわかります。$f(z + v \cdot t)$ は Z 軸の原点に対して左方向に進む波を、$g(z - v \cdot t)$ は右方向に進む波を表しています。

いま、x 軸右方向（正の方向）に進む波（進行波）を $u = A\sin(kx - \omega t)$ とすれば、時間的変化は、$\frac{\partial u}{\partial t} = -A\omega\cos(kx - \omega t)$ となり、さらに微分すると、

$$\frac{\partial^2 u}{\partial t^2} = -A\omega^2 \sin(kx - \omega t) \quad \cdots\cdots\cdots\cdots (10.11)$$

一方、位置的な変化は、$\frac{\partial u}{\partial x} = Ak\cos(kx - \omega t)$ となり、さらに微分すると、

$$\frac{\partial^2 u}{\partial x^2} = -Ak^2 \sin(kx - \omega t) \quad \cdots\cdots\cdots\cdots (10.12)$$

式 (10.11) 及び式 (10.12) から $A\sin(kx - \omega t)$ を消去すると、次のようになり波動方程式が得られることがわかります。

$$\frac{\partial^2 u}{\partial t^2} = v^2 \cdot \frac{\partial^2 u}{\partial x^2} \quad \left(v^2 = \frac{\omega^2}{k^2} \right)$$

また、x 軸左方向（負の方向）に進む波を $u = A\sin(kx + \omega t)$ としても式 (10.8)

の波動方程式を満たすことがわかります。したがって、波動方程式の一般解は次のようになります。

$$u = A\sin(kx - \omega t) + B\sin(kx + \omega t) \quad \cdots\cdots\cdots\cdots\cdots\cdots\cdots\cdots\cdots (10.13)$$

この定数 A と B は初期条件として時刻 $t=0$ における変位 $u=V_0$、そのときの各位置での初速度 v_0 が与えられれば、算出することができます。

(3) 波動方程式の解

波動関数の一般解を $u(z,t) = f(z+v\cdot t) + g(z-v\cdot t)$ として初期条件として時刻 $t=0$ で変位 $u(x,0) = u_0(x)$、そのときの各位置での初速度が $v_0(x)$ であるとすれば、

$$u(x,0) = g(x) + f(x) = u_0(x)$$

$$\frac{\partial u}{\partial t} = -vg'(x) + vf'(x) = v_0(x)$$

これより第1式の両辺を微分して、2つの連立方程式を解くと、次のように $g'(x)$ と $f'(x)$ を求めることができます。

$$g'(x) = \frac{1}{2}\left(u_0'(x) - \frac{v_0(x)}{v}\right)$$

$$f'(x) = \frac{1}{2}\left(u_0'(x) + \frac{v_0(x)}{v}\right)$$

$u_0(x)$ と $v_0(x)$ を与えて、微分方程式を解けば一般解を求めることができます。

いま、時刻 $t=0$ で各点での初速度 $v_0(x)$ が 0 で、振幅が $u_0(x) = V_0$ の波を与えた場合は、

$$g'(x) = \frac{1}{2}\cdot u_0'(x) \text{ から } g(x) = \frac{1}{2}\cdot u_0(x) + C_1$$

$$f'(x) = \frac{1}{2}\cdot u_0'(x) \text{ から } f(x) = \frac{1}{2}\cdot u_0(x) + C_2$$

$f(x)$ と $g(x)$ の大きさは等しいため、$C_1 + C_2 = 0$ でなければならない。したがって、

第10章 補　足

$$u(x, t) = g(x-vt) + f(x+vt)$$
$$= \frac{1}{2} \cdot u_0(x-vt) + \frac{1}{2} u_0(x+vt)$$

このことから波動方程式は図 2-16 のように初期状態の変位 $u_0(x) = V_0$ を与えると、波は両方に（2つに分かれて）大きさが半分となって進むことがわかります。これが波動方程式の意味するところとなります。自然現象で感じることです。

10.3 共振回路のエネルギー

電荷 Q の振動が電流振動を引き起こし、共振回路の方程式は次のようになります。

$$\frac{dI^2}{dt^2} + 2\gamma \frac{dI}{dt} + \omega_0^2 I = 0 \quad \cdots\cdots\cdots\cdots\cdots\cdots\cdots\cdots (10.14)$$

ここで、$2\gamma = \dfrac{R}{L}$、$\omega_0^2 = \dfrac{1}{LC}$。

いま、特別解を $I(t) = e^{pt}$ とおいて式(10.14)に代入すると、

$$p^2 + 2\gamma p + \omega_0^2 = 0 \quad \cdots\cdots\cdots\cdots\cdots\cdots\cdots\cdots\cdots\cdots (10.15)$$

この2次方程式の解は $p = -\gamma \pm \sqrt{\gamma^2 - \omega_0^2}$ となるので、$p_1 = -\gamma + \sqrt{\gamma^2 - \omega_0^2}$、$p_2 = -\gamma - \sqrt{\gamma^2 - \omega_0^2}$ とおけば、一般解は $I(t) = C_1 e^{p_1 t} + C_2 e^{p_2 t}$ となります。

(1) 抵抗 R がないとき

抵抗がないときは $\gamma = 0$ なので式(10.15)から $p^2 = -\omega_0^2$ となり $p = \pm \omega_0$ となります。これより $I(t) = C_1 e^{j\omega_0 t} + C_2 e^{-j\omega_0 t}$ が得られ、オイラーの公式を用いて、

$$I(t) = (C_1 + C_2)\cos \omega_0 t + j(C_1 - C_2)\sin \omega_0 t$$

改めて定数を $A = C_1 + C_2$、$B = j(C_1 - C_2)$ とおけば、

$$I(t) = A\cos \omega_0 t + B\sin \omega_0 t$$
$$= I_0 \cos(\omega_0 t + \phi)$$

これより振動が持続することになります。

(2) 抵抗 R が小さいとき（$\gamma<\omega_0$）

つまり、$\dfrac{R}{2L}<\dfrac{1}{\sqrt{LC}}\left(R<2\sqrt{\dfrac{L}{C}}=2Z_0\right)$ のとき、

$$p=-\gamma\pm\sqrt{\gamma^2-\omega_0^2}$$
$$=-\gamma\pm j\omega\,(\omega=\sqrt{\omega_0-\gamma^2}<\omega_0)$$

電流は、

$$I(t)=C_1e^{(-\gamma+j\omega)t}+C_2e^{(-\gamma-j\omega)t}$$
$$=e^{-\gamma t}(C_1e^{j\omega t}+C_2e^{-j\omega t})$$

これより、

$$I(t)=I_0e^{-\gamma t}\cdot\cos(\omega t+\phi)$$

この波形は周波数 ω で振動しながら減衰することになります（減衰振動）。

(3) 抵抗 R が大きいとき（$\gamma>\omega_0$ ($R>2Z_0$)）

$p_1=-\gamma+\sqrt{\gamma^2-\omega_0^2}$、$p_2=-\gamma-\sqrt{\gamma^2-\omega_0^2}$ はすべて実数で、ともに負であるので $I(t)=C_1e^{p_1t}+C_2e^{p_2t}$ は振動しないで減衰することになります（過減衰）。このような状態が例えば、車でいえば振動があっても運転席に振動が伝わらないサスペンション機能が働いている状態です。共振回路に大きな抵抗を挿入すると振動が収まる状態です（抵抗に振動エネルギーが吸収される）。

(4) $\gamma=\omega_0$ のとき $\left(\dfrac{R}{2L}=\omega_0\right)$ は臨界制動

式(10.15)は $p_1=p_2=-\gamma$（重根）となるので一般解は $I(t)=(C_1+C_2)e^{-\gamma t}$ となります。この一般解を求めるために $I(t)=u(t)\cdot e^{-\gamma t}$（$\gamma=\omega_0$）を考えて、式(10.15)に代入して計算すると $\dfrac{u^2(t)}{dt^2}=0$ を得ます。これより $u(t)=\alpha t+\beta$（α、β は定数）となるので、一般解は次のようになります。

$$I(t)=(\alpha t+\beta)\cdot e^{-\gamma t}$$

この式は振動しないで減衰する臨界減衰の状態となります。

10.4 強制振動によるエネルギー

外部より強制的に振動 $V_0\cos\omega t$ を与えると、次のようになります。

第10章 補　足

$$L\frac{dI}{dt} + R \cdot I + \frac{1}{C}\int I dt = V_0 \cos \omega t$$

微分して、両辺を L で割ると、次のようになります。

$$\frac{d^2 I}{dt^2} + \frac{R}{L} \cdot \frac{dI}{dt} + \frac{1}{LC} \cdot I = -\frac{V_0 \omega}{L} \sin \omega t$$

ここで、$2\gamma = \dfrac{R}{L}$、$\omega_0^2 = \dfrac{1}{LC}$ とおき、$\sin \omega t$ を $e^{j\omega t}$ の虚部と考えれば、次式が得られます。

$$\frac{d^2 I}{dt^2} + 2\gamma \frac{dI}{dt} + \omega_0^2 I = -\frac{V_0 \omega}{L} e^{j\omega t} \quad \cdots\cdots\cdots (10.16)$$

一般解を $I = I_0 e^{j(\omega t - \alpha)}$ とおいて式(10.16)に代入して求めると次のようになります。

$$-\omega^2 I_0 + 2j\gamma\omega I_0 + \omega_0^2 I_0 = -\frac{V_0 \omega}{L} e^{j\alpha} = -\frac{V_0 \omega}{L}(\cos\alpha + j\sin\alpha)$$

$$\cdots\cdots\cdots (10.17)$$

それぞれ実数部、及び虚数部が等しいとおいて、

$$-\omega^2 I_0 + \omega_0^2 I_0 = -\frac{V_0 \omega}{L}\cos\alpha,\quad -2\gamma\omega I_0 = -\frac{V_0 \omega}{L}\sin\alpha$$

それぞれの式を2乗して加算すると次のようになります。

$$I_0^2 (\omega_0^2 - \omega^2)^2 + (2\gamma\omega)^2 = \left(\frac{V_0 \omega}{L}\right)^2 \quad \cdots\cdots\cdots (10.18)$$

これから電流のピーク値 I_0 を求めると、

$$I_0 = \frac{\left(\dfrac{V_0}{L}\right)\omega}{\sqrt{(\omega_0^2 - \omega^2)^2 + (2\gamma\omega)^2}} = \frac{\left(\dfrac{V_0}{L}\right)}{\sqrt{\left(\dfrac{\omega_0^2}{\omega} - \omega\right)^2 + (2\gamma)^2}} \quad \cdots\cdots (10.19)$$

これより、$\omega = \omega_0$ で電流のピーク値 I_0 は $I_0 = \dfrac{\left(\dfrac{V_0}{L}\right)}{2\gamma} = \dfrac{V_0}{R}$ となります。

電力が半分の大きさになるのは、$P = \dfrac{1}{2}R I_0^2$ なので式(10.19)が $\dfrac{1}{2}$ の大きさ

になるときです。それは $I_0^2 = \dfrac{\left(\dfrac{V_0}{L}\right)}{\left(\dfrac{\omega_0^2}{\omega} - \omega\right)^2 + (2\gamma)^2}$ で、電流の値が半分になる

条件は、$\left(\dfrac{\omega_0^2}{\omega} - \omega\right)^2 = (2\gamma)^2$ のときなので $\dfrac{\omega_0^2}{\omega} - \omega = \pm 2\gamma$ となり、次の2つの式が得られます。

$$\omega^2 + 2\gamma\omega - \omega_0^2 = 0 \quad \cdots\cdots\cdots\cdots\cdots\cdots\cdots\cdots\cdots\cdots\cdots\cdots (10.20)$$

$$\omega^2 - 2\gamma\omega - \omega_0^2 = 0 \quad \cdots\cdots\cdots\cdots\cdots\cdots\cdots\cdots\cdots\cdots\cdots\cdots (10.21)$$

式 (10.20) より $\omega = \dfrac{-2\gamma \pm 2\sqrt{\gamma^2 + \omega_0^2}}{2} = -\gamma \pm \sqrt{\gamma^2 + \omega_0^2}$、$\omega$ は正となるので $\omega_1 = -\gamma + \sqrt{\gamma^2 + \omega_0^2}$、式 (10.21) より $\omega = \dfrac{2\gamma \pm 2\sqrt{\gamma^2 + \omega_0^2}}{2} = \gamma \pm \sqrt{\gamma^2 + \omega_0^2}$、$\omega$ は正となるので $\omega_2 = \gamma + \sqrt{\gamma^2 + \omega_0^2}$、電力が半分になる周波数範囲は $\omega_2 - \omega_1 = 2\gamma = \dfrac{R}{L}$ となるので共振の大きさ Q は $Q = \dfrac{\omega_0}{2\gamma} = \dfrac{\omega_0 L}{R}$ となります。この式を変形すると、

$$Q = \dfrac{\omega_0 L}{R} = \dfrac{\dfrac{1}{\sqrt{LC}} L}{R} = \dfrac{1}{R}\sqrt{\dfrac{L}{C}} \quad \cdots\cdots\cdots\cdots\cdots\cdots\cdots\cdots\cdots\cdots (10.22)$$

10.5　1次微分 $\dfrac{d}{dx}$ と2次微分 $\dfrac{d^2}{dx^2}$ の意味

(1) 1次微分の定義は $f'(x) = \dfrac{df(x)}{dx} = \lim\limits_{\Delta x \to 0} \dfrac{f(x+\Delta x) - f(x)}{\Delta x}$ である

$\Delta x \to 0$ に近づけるということは**図10-3**のa点の接線であり、「a点の部分を拡大したものである（マクロ）」つまり、この状態が直線になっているのか、曲線になっているのか、どのような形をしているかを見ることです。

(2) 2次微分の意味

1次微分の定義から考えると、2次微分は次のようになります。

第10章 補　足

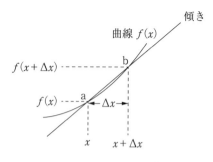

図 10-3　1 次微分 $\dfrac{d}{dx}$

$$\frac{d^2 f(x)}{dx^2} = \lim_{\Delta x \to 0} \frac{\dfrac{d}{dx} f(x + \Delta x) - \dfrac{df(x)}{dx}}{\Delta x}$$

上式の分子 $\dfrac{df}{dx}(x + \Delta x)$ は Δx の変化に対して次のようになります。

$$\frac{df}{dx}(x + \Delta x) = \frac{f(x + \Delta x + \Delta x) - f(x + \Delta x)}{\Delta x}$$

$$= \frac{f(x + 2\Delta x) - f(x + \Delta x)}{\Delta x}$$

微分の定義式 $\dfrac{df(x)}{dx} = \lim_{\Delta x \to 0} \dfrac{f(x + \Delta x) - f(x)}{\Delta x}$ より、2 次微分 $\dfrac{d^2 f(x)}{dx^2}$ は、

$$\frac{d^2 f(x)}{dx^2} = \lim_{\Delta x \to 0} \frac{1}{\Delta x} \left(\frac{f(x + 2\Delta x) - f(x + \Delta x)}{\Delta x} - \frac{f(x + \Delta x) - f(x)}{\Delta x} \right)$$

$$= \lim_{\Delta x \to 0} \left(\frac{1}{\Delta x} \right)^2 (f(x + 2\Delta x) + f(x) - 2f(x + \Delta x))$$

$$= \lim_{\Delta x \to 0} \frac{2}{\Delta x^2} \left(\frac{f(x + 2\Delta x) + f(x)}{2} - f(x + \Delta x) \right) \quad \cdots\cdots\cdots\cdots (10.23)$$

この式の意味は**図 10-4** に示すように、a 点 (x) と c 点 $(x + 2\Delta x)$ の平均値 $\dfrac{f(x + 2\Delta x) + f(x)}{2}$ と中央値 b 点 $f(x + \Delta x)$ の差を表しています。この差を Δf とすれば Δf が正なら b 点は直線 a–c より下、つまり下に凸となります。Δf

10.5　1次微分 $\dfrac{d}{dx}$ と2次微分 $\dfrac{d^2}{dx^2}$ の意味

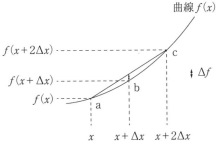

図10-4　2次微分 $\dfrac{d^2}{dx^2}$

が負なら上に凸となります。

Δf が0なら直線a–c上になります。上下へのひずみがなくなります。多くの物理現象は平均値に戻ろうとする「復元力」が働きます。2次微分は復元力を表していることになります。

例えば、電気回路の振動や弦の振動や波の振動、熱伝導などは2次微分方程式で表されます（振動した波は時間が経過すると振動がなくなる。電気回路における共振現象も時間が経過すると振動がなくなる）。

(3) x、y 方向の2次微分 $\left(\dfrac{d^2}{dx^2}+\dfrac{d^2}{dy^2}\right)f(x,y)$ の考え方

x方向の2次微分について述べましたが、x、y方向の平面を考えたときに $\left(\dfrac{d^2}{dx^2}+\dfrac{d^2}{dy^2}\right)f(x,y)$ も同様に展開すると、2次元のラプラシアン $\Delta=\dfrac{d^2}{dx^2}+\dfrac{d^2}{dy^2}$ は中心 (x,y) とそれぞれ x方向、y方向の両端の平均に比例します（両隣の平均値と中心値の差である）。

以上より、1次元 $\Delta=\dfrac{d^2}{dx^2}=0$ なら直線です。

2次元 $\Delta=\dfrac{d^2 f}{dx^2}+\dfrac{d^2 f}{dy^2}=0$ ということは、$\dfrac{\partial^2}{\partial x^2}f$ が正（下に凸）なら、$\dfrac{\partial^2}{\partial y^2}f$ は負（上に凸）となります。これは図10-4に示す波形が x、y 方向の2次元に変化したものと考えることができます。

10:6
EMCとフーリエ級数

フーリエ級数（フーリエ変換）は信号の波形と周波数スペクトルの関係を知るうえで EMC では非常に重要となります。公式の導出過程については多くの数学書があるので省略させていただきます。これらの公式を使ってどうすれば EMC 性能を上げることができるかに焦点を絞って述べます。

【1】実数領域において周期的（時間）に繰り返す波形のフーリエ級数展開

周期 T の関数 $f(t)$ は次のように sin と cos を用いてフーリエ級数展開することができます。

$$f(t) = a_0 + \sum_{n=1}^{\infty}(a_n \sin n\omega t + b_n \cos n\omega t)$$

（$n\omega t (= n\theta)$ は高調波の位相） ……………………… (10.24)

ここで、係数は $a_0 = \dfrac{1}{T}\int_0^T f(t)dt$、$a_n = \dfrac{2}{T}\int_0^T y(t)\sin n\omega t dt$、$b_n = \dfrac{2}{T}\int_0^T y(t)\cos n\omega t dt$。

式(10.24) を sin だけで表すと次のようになります。

$$f(t) = a_0 + \sum_{n=1}^{\infty} A_n \sin(n\omega t + \varphi)$$ ……………………… (10.25)

振幅 $A_n = \sqrt{a_n^2 + b_n^2}$、位相 $\varphi = \tan^{-1}\left(\dfrac{a_n}{b_n}\right)$

周期的に繰り返すデジタルクロックの波形は式(10.24)や式(10.25)のようにきれいな sin 波や cos 波の高調波の和で表されます。

【2】複素形式を用いたフーリエ級数展開

sin と cos で展開できることはオイラーの公式を使い指数関数を用いて複素フーリエ級数に展開することができます。指数関数を使うと指数関数の積、割り算、微分、積分が容易になるためです。見通しのよさ、便利さが増します。また、数学では虚数を i としますが、本書では電流に記号 i を用いるために虚数は j を用いることにします。

10.6 EMCとフーリエ級数

(1) 複素数表示（両側帯域）

$f(t) = a_0 + \sum_{n=1}^{\infty}(a_n \cos n\omega t + b_n \sin n\omega t)$ はオイラーの公式 $e^{j\omega t} = \cos \omega t + j \sin \omega t$ を用いて次のように置き換えられます（下記 **[4]** 項を参照）。

$$f(t) = c_0 + \sum_{n=-\infty}^{\infty} c_n \cdot e^{jn\omega t} \quad \cdots\cdots\cdots\cdots\cdots\cdots\cdots\cdots\cdots (10.26)$$

$$\left(c_0 = \frac{1}{T}\int_0^T f(t)\,dt,\ c_n = \frac{1}{T}\int_0^T f(t)e^{-jn\omega t}\,dt \right)$$

c_n がスペクトルの大きさで、$e^{jn\omega t}$ がとびとびの高調波成分（離散値）を表しています。

式 (10.26) は $n = -\infty$ から $n = \infty$ までの両側側帯波を示しています（**図 10-5 (a)**）。

(2) 複素数表示（片側帯域）

$n = 1$ から $n = \infty$ までの片側側帯波では、次の式 (10.27) のようになります。実際のスペクトルの表示は周波数 0（直流）、基本波周波数 $n = 1$ から高調波 $n = \infty$（実際の測定では周波数 30 MHz から周波数 3 GHz くらいまでを測定し

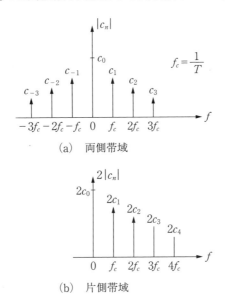

(a) 両側帯域

(b) 片側帯域

図 10-5　複素フーリエ係数 c_n のスペクトル

ている）。

$$f(t) = c_0 + 2\sum_{n=1}^{\infty} c_n \cdot e^{jn\omega t} \quad \cdots\cdots\cdots\cdots\cdots\cdots\cdots\cdots\cdots (10.27)$$

$$\left(c_0 = \frac{1}{T}\int_0^T f(t)\,dt、\ c_n = \frac{1}{T}\int_0^T f(t)e^{-jn\omega t}dt\right)$$

式 (10.27) を $\sin$ のみで表した振幅 A_n も $2c_n$ となります（**図10-5(b)**）。

(3) フーリエ級数の微分

フーリエ級数に展開できる条件は波形に不連続なところがなくなめらかに連続していることが必要となります。この場合は、次のような1次微分、2次微分が項別に可能となります。この微分を使うと波形 $f(t)$ のフーリエ級数展開が簡単になります。

$f(t) = c_0 + 2\sum_{n=1}^{\infty} c_n \cdot e^{jn\omega t}$ を1次微分すると、

$$f'(t) = 2\sum_{n=1}^{\infty} jn\omega \cdot c_n e^{jn\omega t} = 2\sum_{n=1}^{\infty} c_n^1 e^{jn\omega t} \quad (c_n^1 = jn\omega \cdot c_n)$$
$$\cdots\cdots\cdots\cdots\cdots\cdots\cdots\cdots\cdots (10.28)$$

さらに2次微分すると、

$$f''(t) = -2\sum_{n=1}^{\infty} n^2\omega^2 \cdot c_n e^{jn\omega t} = 2\sum_{n=1}^{\infty} c_n^2 e^{jn\omega t} \quad (c_n^2 = -n^2\omega^2 \cdot c_n)$$
$$\cdots\cdots\cdots\cdots\cdots\cdots\cdots\cdots\cdots (10.29)$$

このことは、波形 $f(t)$ の周波数スペクトル c_n がわかれば、微分した波形の周波数スペクトラム c_n^1 は c_n に $jn\omega$ を掛けて求めることができ、さらに微分した波形の周波数スペクトラム c_n^2 は c_n に $-n^2\omega^2$ を掛ければ求めることができるということになります。

逆に元の波形を微分した波形について c_n^1 を求めれば、元の波形のスペクトル c_n は $\dfrac{1}{jn\omega}$ を掛けて $\dfrac{c_n^1}{jn\omega}$ を求めることができます。同様にして元の波形を2次微分した波形のスペクトル c_n^2 を求めることができれば、元の波形の周波数スペクトル c_n は $\dfrac{1}{jn\omega}$ を2回掛けて $-\dfrac{c_n^2}{n^2\omega^2}$ と求めることができます。この手法を使ってデジタルクロック（台形波）の周波数スペクトルを求めることが

できます。

【3】矩形波と台形波のフーリエ級数展開

(1) 矩形波(立上りが極めて速いパルス)のフーリエ級数展開

①矩形波(パルス幅 P、振幅 A、周期 T)のフーリエ級数展開

スペクトルの大きさは $c_n = \dfrac{1}{T}\int_0^T f(t)e^{-jn\omega t}dt$ なので積分区間を 0 から T とすれば $c_n = \dfrac{1}{T}\int_0^P Ae^{-jn\omega t}dt$ となるので、これより矩形波の平均値 c_0 は $c_0 = A \cdot \dfrac{P}{T}$ となります。

高調波スペクトル c_n は、

$$c_n = -\frac{1}{jn\omega}\frac{A}{T}(e^{-jn\omega P}-1)$$

$$= -\frac{1}{jn\omega}\frac{A}{T}e^{-jn\omega\frac{P}{2}}\left(e^{-jn\omega\frac{P}{2}} - e^{jn\omega\frac{P}{2}}\right) \quad \text{と変形して}$$

$$= \frac{2A}{n\omega T}\cdot\sin\left(n\omega\frac{P}{2}\right)e^{-jn\omega\frac{P}{2}}$$

ここで、$\omega = \dfrac{2\pi}{T}$ とおき、周波数スペクトルの大きさを $2|c_n|$ とすれば、

$$2|c_n| = 2A\frac{P}{T}\cdot\left|\frac{\sin\left(\dfrac{n}{T}\pi P\right)}{\left(\dfrac{n}{T}\pi p\right)}\right| \quad\cdots\cdots\cdots\cdots\cdots\cdots (10.30)$$

$f = \dfrac{n}{T}$(基本波は $f_c = \dfrac{1}{T}$、n は高調波)とおくと、$2|c_n| = 2A\dfrac{P}{T}\cdot\left|\dfrac{\sin(f\pi P)}{(f\pi p)}\right|$ となり、クロックの高調波が $\left|\dfrac{\sin(f\pi P)}{(f\pi p)}\right|$ $\left(\dfrac{\sin x}{x}\text{の形}\right)$ で変調されたものとなります(**図 10-6(a)**)。ここで $\dfrac{\sin x}{x}$ の関数の特徴は、x が小さいときには $\dfrac{\sin x}{x} \cong 1$ となり、x が大きいときには $\dfrac{1}{|x|}$ となり、$\dfrac{1}{|x|} = 1$ となるのは $x = 1$ であり、x が2倍になると大きさは $1/2$ になるので、6 dB/oct のカーブで減衰します。$\dfrac{\sin x}{x}$ がゼロになるのは x が $n\pi$ のときとなります。片側帯域のみの周波数スペクトルを示すと**図 10-6(b)**のようになります。基本周波数

第10章 補足

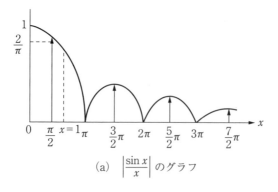

(a) $\left|\dfrac{\sin x}{x}\right|$ のグラフ

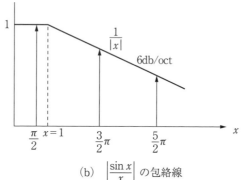

(b) $\left|\dfrac{\sin x}{x}\right|$ の包絡線

図 10–6　$\dfrac{\sin x}{x}$ のグラフ

$\left(\text{クロック } f_c = \dfrac{1}{T}、\pi fP = 1 \text{ から } f = \dfrac{1}{\pi P} \text{ が折れ点周波数、} \pi fP = m\pi \ (m=1、2、3、4、\cdots)\right)$ つまり、$f = \dfrac{m}{P}$ ごとに周波数スペクトルがゼロとなります。

(2) 台形波（立上り時間 t_r、立下り時間 t_f、$t_r = t_f$）のフーリエ級数展開

　台形波は振幅 A、周期 T、パルス幅 P、波形の立上り時間 t_r と立下り時間 t_f を持っています（**図 10–7(a)**）。この波形のフーリエ級数展開を求めるには、c_n の積分区間を立上り時間 t_r までの区間、振幅 A が一定の区間、立下り t_f までの3つの区間の積分を計算しなければなりません。そこで**図 10–7(b)**のように台形波を微分した矩形波から c_n を求めるほうが簡単です。台形波 $f(t)$ を1次微分したときの c_n^1 を求め、これを $jn\omega$ で割れば元の波形（台形波）のスペ

10.6 EMC とフーリエ級数

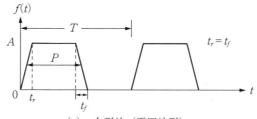

(a) 台形波（電圧波形）

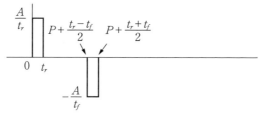

(b) 1次微分波形 $\left(変位電流\ i = C \cdot \dfrac{dV}{dt}\right)$

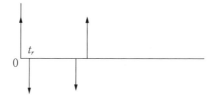

(c) 2次微分波形 $\left(逆起電力\ V_n = L \cdot \dfrac{di}{dt}\right)$

図 10-7　台形波の 1 次微分と 2 次微分の波形

クトル c_n を求めることができます。1 次微分した矩形波を周期 T までの区間で積分すると次のようになります。

$$c_n^1 = \frac{1}{T}\int_0^{t_r} \frac{A}{t_r} e^{-jn\omega t} dt + \frac{1}{T}\int_{p+\frac{t_r-t_f}{2}}^{p+\frac{t_r+t_f}{2}} \left(-\frac{A}{t_f}\right) e^{-jn\omega t} dt$$

詳細に計算すると次のようになります。

$$c_n^1 = \frac{A}{T} e^{-jn\omega \frac{t_r}{2}} \left(\frac{\sin\left(n\omega \frac{t_r}{2}\right)}{\left(n\omega \frac{t_r}{2}\right)} - e^{-jn\omega p} \cdot \frac{\sin\left(n\omega \frac{t_f}{2}\right)}{\left(n\omega \frac{t_f}{2}\right)} \right)$$

233

ここで立上り時間と立下り時間を等しく $t_r = t_f$ とすれば、$c_n{}^1$ は次のようになります。

$$c_n{}^1 = \frac{A}{T} \cdot e^{-jn\omega \frac{t_r}{2}} \cdot \frac{\sin\left(n\omega \frac{t_r}{2}\right)}{\left(n\omega \frac{t_r}{2}\right)} \cdot e^{-jn\omega \frac{p}{2}} \cdot (e^{jn\omega \frac{p}{2}} - e^{-jn\omega \frac{p}{2}})$$

$$= jn\omega \left(A \frac{p}{T}\right) \cdot \frac{\sin\left(n\omega \frac{p}{2}\right)}{\left(n\omega \frac{p}{2}\right)} \cdot \frac{\sin\left(n\omega \frac{t_r}{2}\right)}{\left(n\omega \frac{t_r}{2}\right)} \cdot e^{-jn\omega \frac{t_r+p}{2}} \quad \cdots\cdots (10.31)$$

$c_n = \dfrac{c_n{}^1}{jn\omega}$ より c_n は、

$$c_n = \left(A \frac{p}{T}\right) \cdot \frac{\sin\left(n\omega \frac{p}{2}\right)}{\left(n\omega \frac{p}{2}\right)} \cdot \frac{\sin\left(n\omega \frac{t_r}{2}\right)}{\left(n\omega \frac{t_r}{2}\right)} \cdot e^{-jn\omega \frac{t_r+p}{2}}$$

となり、$\omega = \dfrac{2\pi}{T}$、$f = \dfrac{n}{T}$ とおくと、

$$c_n = \left(A \frac{p}{T}\right) \cdot \frac{\sin\left(\frac{n}{T}\pi P\right)}{\left(\frac{n}{T}\pi P\right)} \cdot \frac{\sin\left(\frac{n}{T}\pi t_r\right)}{\left(\frac{n}{T}\pi t_r\right)} \cdot e^{-j\frac{n}{T}\pi(t_r+p)} \quad \cdots\cdots (10.32)$$

高調波を $f = \dfrac{n}{T}$ とおくと、台形波のスペクトルの大きさ $2|c_n|$ は次のようになります。

$$2|c_n| = 2A \frac{p}{T} \cdot \left|\frac{\sin(\pi f p)}{(\pi f p)}\right| \cdot \left|\frac{\sin(\pi f t_r)}{(\pi f t_r)}\right| \quad \cdots\cdots\cdots (10.33)$$

式(10.33)は $2A \dfrac{p}{T}$ と $\left|\dfrac{\sin(\pi f p)}{(\pi f p)}\right|$ と $\left|\dfrac{\sin(\pi f t_r)}{(\pi f t_r)}\right|$ の積となっているので、それぞれのカーブを描くと**図 10-8(c)** のようになり、デジタルクロック（台形波）の周波数スペクトラムが得られます。

(3) 変位電流の周波数スペクトラム

変位電流の波形 $\left(i = C \cdot \dfrac{dV}{dt}\right)$ は台形波（電圧波形）を微分した図 10-7(b) なので式(10.31)の $c_n{}^1$ を改めて c_n とおくと、

10.6 EMCとフーリエ級数

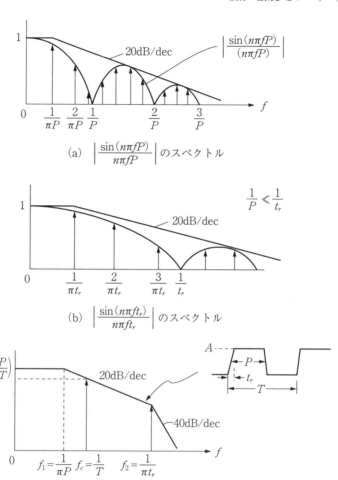

(a) $\left|\dfrac{\sin(n\pi fP)}{n\pi fP}\right|$ のスペクトル

(b) $\left|\dfrac{\sin(n\pi ft_r)}{n\pi ft_r}\right|$ のスペクトル

(c) 台形波のスペクトルの大きさ

図 10-8 台形波の高調波スペクトル

$$c_n = jn\omega\left(A\,\frac{P}{T}\right)\cdot\frac{\sin\left(n\omega\dfrac{P}{2}\right)}{\left(n\omega\dfrac{P}{2}\right)}\cdot\frac{\sin\left(n\omega\dfrac{t_r}{2}\right)}{\left(n\omega\dfrac{t_r}{2}\right)}\cdot e^{-jn\omega\frac{t_r+p}{2}}$$

これより $2c_n$ は次のようになります。

第10章 補　足

$$2c_n = jn\omega \left(2A\frac{P}{T}\right) \cdot \frac{\sin(\pi fP)}{\pi fP} \cdot \frac{\sin(\pi ft_r)}{(\pi ft_r)} \cdot e^{-j\pi f(t_r+P)} \quad \cdots\cdots\cdots (10.34)$$

式(10.34)は台形波のスペクトルに $jn\omega$ を掛けたもの（6 dB/oct で増加）となります。

(4) 逆起電力波形の周波数スペクトラム

台形波の周波数スペクトルは $2c_n = \left(2A\frac{p}{T}\right) \cdot \frac{\sin(\pi fP)}{(\pi fP)} \cdot \frac{\sin(\pi ft_r)}{(\pi ft_r)} \cdot e^{-j\pi f(t_r+P)}$ なので、逆起電力波形の周波数スペクトラムは台形波を2階微分（変位電流の周波数スペクトルを微分した図10-7(c)）すると次の式が得られます。

$$-2n^2\omega^2 c_n = -n^2\omega^2 \left(2A\frac{p}{T}\right) \cdot \frac{\sin(\pi fP)}{(\pi fP)} \cdot \frac{\sin(\pi ft_r)}{(\pi ft_r)} \cdot e^{-j\pi f(t_r+p)}$$

$$\cdots\cdots\cdots\cdots\cdots\cdots\cdots\cdots\cdots\cdots (10.35)$$

(5) 矩形波からδ関数のフーリエ級数への展開

パルス幅 P が非常に狭くなり、振幅 A との間に $AP=1$（面積）を満たす波形を考えると、振幅 A は $\frac{1}{P}$ となります。$f = \frac{1}{\pi P}$ は大きくなり、そのときのフーリエ級数展開は**図10-9(a)**のように広帯域のスペクトルとなります。ここ

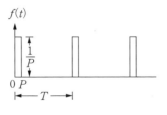
パルス幅Pが非常に狭い（面積1）

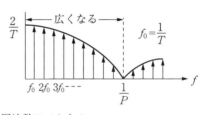

(a) パルスと周波数スペクトル

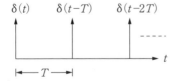

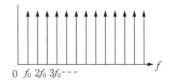

(b) δ関数列と周波数スペクトル

図10-9　細いパルス列とδ関数列の周波数スペクトル

でパルス幅 P をさらに小さくしていくと高調波 $n\omega$ のスペクトルの大きさは等しくなり、広帯域に及びます。これが δ 関数のスペクトルとなります（**図10-9(b)**）。

【4】実数領域のフーリエ級数から複素領域のフーリエ級数への展開方法

実数領域のフーリエ級数の展開式 $f(t) = a_0 + \sum(a_n \sin n\omega t + b_n \cos n\omega t)$ にオイラーの公式から求めた、$\cos n\omega t = \dfrac{e^{jn\omega t} + e^{-jn\omega t}}{2}$、$\sin n\omega t = \dfrac{e^{jn\omega t} - e^{-jn\omega t}}{2j}$ を代入すると、

$$a_n \sin n\omega t + b_n \cos n\omega t = a_n\left(\frac{e^{jn\omega t} - e^{-jn\omega t}}{2j}\right) + b_n\left(\frac{e^{jn\omega t} + e^{-jn\omega t}}{2}\right)$$

$$= \frac{e^{jn\omega t}(b_n - ja_n)}{2} + \frac{e^{-jn\omega t}(b_n + ja_n)}{2}$$

ここで n を 0 から ∞ まで展開すると次のようになります。

$$\cdots + \frac{(b_2 + ja_2)}{2}e^{-j2\omega t} + \frac{(b_1 + ja_1)}{2}e^{-j1\omega t} + \frac{a_0}{2}$$

$$+ \frac{(b_1 - ja_1)}{2}e^{j1\omega t} + \frac{(b_2 - ja_2)}{2}e^{j2\omega t} + \cdots$$

n は正の領域で定義され、実数領域で求めた係数 a_n、b_n を n が負の領域まで拡張して、$-n$ とすると、

$$a_{-n} = \frac{2}{T}\int_0^T f(t)\sin(-n\omega t)dt = -a_n$$

$$b_{-n} = \frac{2}{T}\int_0^T f(t)\cos(-n\omega t)dt = b_n$$

となるので上記展開式は次のようになります。

$$\cdots + \frac{(b_{-2} - ja_{-2})}{2}e^{-j2\omega t} + \frac{(b_{-1} - ja_{-1})}{2}e^{-j1\omega t} + \frac{a_0}{2}$$

$$+ \frac{(b_1 - ja_1)}{2}e^{j1\omega t} + \frac{(b_2 - ja_2)}{2}e^{j2\omega t} + \cdots$$

これより、

第10章　補　足

$$\sum_{n=0}^{\infty}(a_n \sin n\omega t + b_n \cos n\omega t) = \sum_{-\infty}^{n=-1} e^{jn\omega t}\frac{(b_n - ja_n)}{2} + \sum_{n=1}^{\infty} e^{jn\omega t}\frac{(b_n - ja_n)}{2}$$

$$= \sum_{-\infty}^{\infty} e^{jn\omega t}\frac{(b_n - ja_n)}{2}$$

$$= \sum_{-\infty}^{\infty} c_n \cdot e^{jn\omega t} \qquad c_n = \frac{1}{2}(b_n - ja_n)$$

ここで実数領域のフーリエ級数で求めた $a_n = \frac{2}{T}\int_0^T f(t)\sin n\omega t dt$、$b_n = \frac{2}{T}\int_0^T f(t)\cos n\omega t dt$ より c_n を求めると、

$$c_n = \frac{1}{2}(b_n - ja_n) = \frac{1}{T}\int_0^T f(t)(\cos n\omega t - j\sin n\omega t)dt$$

$$= \int_0^T f(t)e^{-jn\omega t}dt$$

c_0 は $c_0 = \frac{1}{T}\int_0^T f(t)dt$

したがって、周期関数 $f(t)$ のフーリエ級数は次のようになり両側波帯スペクトルを示す式(10.26)に一致します。

10.7
EMCとフーリエ変換

フーリエ変換は周期的な関数の周期が非常に長くなったときを考えることになります。

(1) 周期 T（時間、位相）から周期 L（長さ、距離）への変換

オシロスコープで計測している波形は時間軸（時間情報）であるが、波の波長 λ は距離（位置情報）で表さなければならない。いま、**図10-10** のように周期 2π の時間軸の波形(a)から周期 $2L$ の長さの波形(b)を対応させると π が L に、$\theta(=\omega t)$ が x に対応するので時間軸から距離軸への変換は $\theta = \frac{\pi}{L}x\left(x = \frac{L}{\pi}\theta\right)$ となるので、周期 $2L$ の関数 $f_L(x)$ のフーリエ級数展開は式(10.7)から次のようになります。

238

10.7 EMCとフーリエ変換

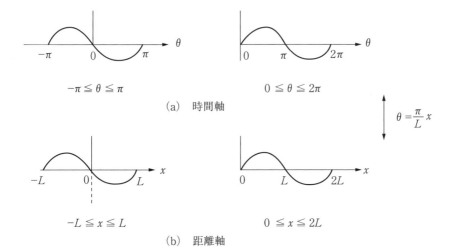

(a) 時間軸

(b) 距離軸

図 10-10　時間軸と距離軸との対応

$$f_L(x) = c_0 + \sum_{n=-\infty}^{\infty} c_n \cdot e^{jn\left(\frac{\pi}{L}x\right)} \quad \cdots\cdots\cdots\cdots\cdots\cdots (10.36)$$

$$c_n = \frac{1}{2L} \int_{-L}^{L} f(x) \cdot e^{-jn\left(\frac{\pi}{L}x\right)} dx$$

(2) フーリエ級数（周期的関数）からフーリエ変換（非周期的関数）へ

周期的な波形はフーリエ級数（とびとびの離散値）に展開できたが、**図 10-11(a)** に示すような単一の波形は繰り返しの周期が長くなったものと考え、フーリエ変換によって求めることができます。電子・電気機器の中で単発的に動作する信号（例：単一パルス、トリガ信号等）、あるタイミングでモータの動作、アクチュエータの動作など適用できるケースは非常に多い。複素形式のフーリエ級数の展開式において $f(t)$ は次のように表すことができます。

$$f(t) = \sum_{n=-\infty}^{\infty} \left(\frac{1}{T} \int_{-\frac{T}{2}}^{\frac{T}{2}} f(t) e^{-jn\omega t} dt \right) \cdot e^{jn\omega t}、ここで c_n = \frac{1}{T} \int_{-\frac{T}{2}}^{\frac{T}{2}} f(t) e^{-jn\omega t} dt。$$

式を変形して、

$$= \frac{1}{2\pi} \int_{-\infty}^{\infty} \left[\int_{-\frac{T}{2}}^{\frac{T}{2}} f(t) e^{-jn\omega t} dt \right] e^{jn\omega t} \cdot \left(\frac{2\pi}{T} \right) \quad \cdots\cdots\cdots\cdots (10.37)$$

第10章　補　足

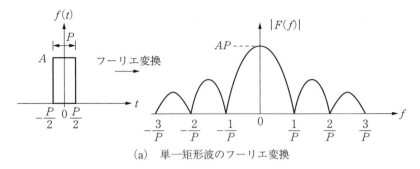

(a) 単一矩形波のフーリエ変換

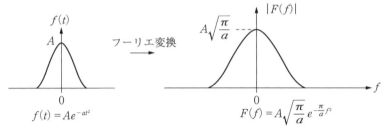

(b) ガウシャンのフーリエ変換

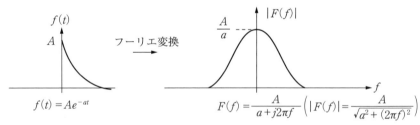

(c) 減衰関数のフーリエ変換

図 10-11　単一パルスのフーリエ変換（周波数スペクトル）

ここで周期 T を長くすると $T \to \infty$，$\dfrac{2\pi}{T} = \omega$ は小さくなるので $\dfrac{2\pi}{T} = d\omega$ とおくと式 (10.37) は次のようになります。

$$f(t) = \frac{1}{2\pi} \int_{-\infty}^{\infty} \left[\int_{-\infty}^{\infty} f(t) e^{-jn\omega t} dt \right] e^{jn\omega t} \cdot d\omega$$

これより [　] の中を $F(\omega) = \displaystyle\int_{-\infty}^{\infty} f(t) e^{-jn\omega t} dt$ とおけば、$f(t) = \dfrac{1}{2\pi} \displaystyle\int_{-\infty}^{\infty} F(\omega) \cdot e^{jn\omega t} d\omega$ が得られ、非周期的な波形にも適用できるフーリエ変換の式が得られました。このフーリエ変換は周波数が周期 T の離散値 $\dfrac{2\pi}{T} = \omega$ から周波数の

10.7 EMCとフーリエ変換

間隔が非常に小さく $d\omega$ の連続値となりました。

(3) フーリエ変換の公式

フーリエ変換とその逆変換の公式をまとめると次のようになります。

$$F(\omega) = \int_{-\infty}^{\infty} f(t) \cdot e^{-j\omega t} dt \quad \text{(時間軸から周波数軸への変換)}$$

$$f(t) = \frac{1}{2\pi} \int_{-\infty}^{\infty} F(\omega) \cdot e^{j\omega t} dt \quad \text{(周波数軸から時間軸への変換)}$$

$$\text{エネルギースペクトル} \quad |F(\omega)|^2 \quad \text{(振幅の2乗)}$$

2π を両方の式に均等に分配して、次のようにも表すことができます。

$$F(\omega) = \frac{1}{\sqrt{2\pi}} \int_{-\infty}^{\infty} f(t) \cdot e^{-j\omega t} dt$$

$$f(t) = \frac{1}{\sqrt{2\pi}} \int_{-\infty}^{\infty} F(\omega) \cdot e^{j\omega t} dt$$

(4) 矩形波のフーリエ変換

図10-11(a)のような時間軸方向に対して原点0を中心にパルス幅 P、振幅 A の単一パルスをフーリエ変換すると、次のようになります。

$$F(\omega) = \int_{-\infty}^{\infty} f(t) \cdot e^{-j\omega t} dt = \int_{-\frac{P}{2}}^{\frac{P}{2}} A \cdot e^{-j\omega t} dt$$

$$= -\frac{A}{j\omega} [e^{-j\omega t}]_{-\frac{P}{2}}^{\frac{P}{2}}$$

これより、$F(\omega) = 2\dfrac{A}{\omega}\sin\left(\dfrac{\omega P}{2}\right) = AP\dfrac{\sin(\pi fP)}{(\pi fP)}$ となります。

$|F(\omega)| = AP\left|\dfrac{\sin(\pi fP)}{\pi fP}\right|$ は $f = \dfrac{1}{\pi P}$ が折れ点周波数で、$f = \dfrac{n}{P}$ ($n=1,2,3$、…)の周波数で振幅ゼロとなる周波数スペクトルとなります。エネルギースペクトルは周波数の2乗に比例するので次のようになります。

$$|F(\omega)|^2 = A^2 P^2 \left|\dfrac{\sin(\pi fP)}{(\pi fP)}\right|^2$$

(5) ガウス型関数（ガウシャン、なだらかに変化する波形）のフーリエ変換

ガウス型の関数 $f(t)$ は図 10-11(b) のように波高値を A とすれば $f(t) = Ae^{-at^2}$ と表すことができ、波形のフーリ変換は $F(\omega) = A\sqrt{\dfrac{\pi}{a}}\, e^{-\frac{\omega^2}{4a}}$、周波数スペクトルの大きさは $|F(\omega)| = A\sqrt{\dfrac{\pi}{a}}\, e^{-\frac{\omega^2}{4a}}$ となります。時間軸の波形と周波数スペクトルが同じ形をしていることです。特徴は波形のカーブを決める定数 a が大きいほど、周波数スペクトルの振幅が小さくなり、減衰カーブも指数関数 $\left(\dfrac{f^2}{a}\right)$ によって決まるため高調波のレベルが小さくなることです。EMCでは矩形波よりこのようになだらかに変化する波形の方が高調波のエネルギーが少なくなり望ましいことになります。

(6) 減衰関数のフーリエ変換

時間とともに減衰する関数を $f(t) = Ae^{-at}$ $(a>0)$ とすれば、そのフーリ変換は $F(\omega) = \dfrac{A}{a+j\omega}$、そのエネルギースペクトルは $\left|F(\omega) = \dfrac{A}{\sqrt{a^2+\omega^2}}\right|$ で表され、図 10-11(c) の周波数スペクトルとなります。これは波形の減衰定数 a が大きいほど、周波数スペクトルの振幅も小さくなり、減衰も大きくなっていきます。

(7) 単一パルスの繰り返し周期 T を変えたときの周波数スペクトル

図 10-12(a) のようにパルス幅 P の矩形波の単一パルスが短い周期 T で繰り返すときの周波数スペクトルの大きさ $|F(f)|$ は右図のようになり、クロック周波数 $f_c = \dfrac{1}{T}$ の高調波の間隔は広くなります（これに近いのがスイッチング電流波形の周波数スペクトル）。次にパルスの繰り返し周期 T をさらに長くすると周波数スペクトルは図 10-12(b) のようにクロックの周波数 $f_c = \dfrac{1}{T}$ の高調波の間隔は短くなります。次に繰り返し周期 T が ∞、つまり単発のパルスのときには図 10-12(c) のように周波数スペクトルは連続となります（離散値スペクトルに対して連続スペクトル）。

(8) 変位電流波形（ガウシャン関数が周期 T で繰り返すときの周波数スペクトル）

変位電流波形はガウシャンが周期 T で繰り返す図 10-13(a) と逆極性のガウ

10.7 EMCとフーリエ変換

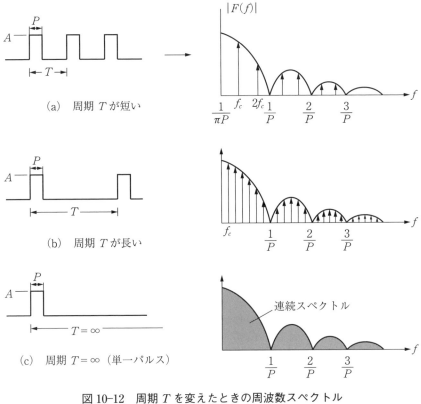

図10-12 周期 T を変えたときの周波数スペクトル
（矩形波、台形波ともエンベロープの中に $f = \dfrac{1}{T}$ が入る）

シャンが時間 α だけ遅れた**図10-13(b)**の和（$x(t) - x(t-\alpha)$）として表されます。ガウシャンのフーリエ変換を $F(\omega)$ とすれば、時間 α だけ遅れたときのフーリエ変換はもとの関数に $e^{-jn\omega\alpha}$ を掛けたものとなるので、**図10-13(c)**の変位電流波形のフリーエ変換は次のようになります。

$$F(\omega) - e^{-jn\omega\alpha} \cdot F(\omega) = F(\omega)(1 - e^{-jn\omega\alpha})$$

このフーリエ変換を改めて $G(\omega)$ とおけば、

$$\begin{aligned}G(\omega) &= F(\omega)(1 - e^{-jn\omega\alpha}) \\ &= F(\omega) e^{-jn\omega\frac{\alpha}{2}}(e^{jn\omega\frac{\alpha}{2}} - e^{-jn\omega\frac{\alpha}{2}})\end{aligned}$$

第10章 補　足

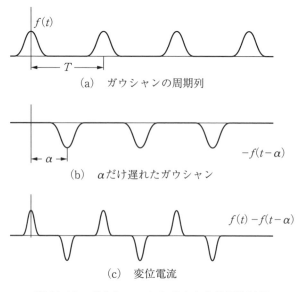

(a) ガウシャンの周期列

(b) αだけ遅れたガウシャン

(c) 変位電流

図 10-13　ガウシャンから求めた変位電流波形

$$= jn\omega \cdot \frac{\alpha}{2} F(\omega) \cdot \frac{\sin\left(n\omega \frac{\alpha}{2}\right)}{n\omega \frac{\alpha}{2}} e^{-jn\omega \frac{\alpha}{2}}$$

ここで、$\alpha = \frac{T}{2}$ とすれば、上式のスペクトルの大きさは $|G(\omega)| = |F(\omega)| \cdot \left|\sin\left(\frac{n\pi}{2}\right)\right|$ となり、ガウシャンのフーリ変換は $F(\omega) = A\sqrt{\frac{\pi}{a}} e^{-\frac{\omega^2}{4a}}$ なので、変位電流波形の周波数スペクトルは $|G(\omega)| = \left|A\sqrt{\frac{\pi}{a}} e^{-\frac{\omega^2}{4a}}\right| \cdot \left|\sin\left(\frac{n\pi}{2}\right)\right|$ となります（**図 10-14**）。

【5】単一関数のフーリ変換 $F(\omega)$ から周期関数のフーリエ係数 c_n を求める

フーリエ変換の公式 $F(\omega) = \int_{-\infty}^{\infty} f(t) \cdot e^{-j\omega t} dt$ において、ω を $n\omega$ とおき、$F(n\omega) = \int_{-\infty}^{\infty} f(t) \cdot e^{-jn\omega t} dt$ を求め、その結果を周期 T で割れば次のようにフーリ係数 c_n を求めることができます。

$$c_n = \frac{F(n\omega)}{T} = \frac{1}{T} \int_{-\infty}^{\infty} f(t) \cdot e^{-jn\omega t} dt$$

10.7 EMCとフーリエ変換

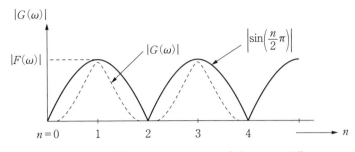

図10-14 変位電流のスペクトル（ガウシャン列）

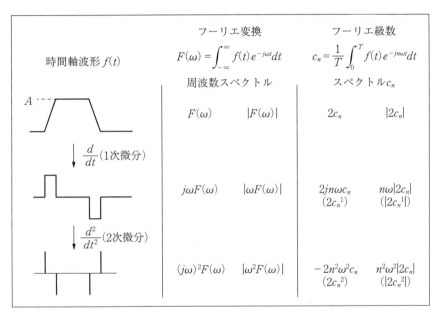

図10-15 波形$f(t)$のフーリエ変換とフーリエ係数との関係

$$\left(\text{周期 } T \text{ で繰り返すときは } c_n = \frac{1}{T}\int_0^T f(t)e^{-jn\omega t}dt\right)$$

フーリエ変換では周波数スペクトルの大きさは$|F(\omega)|$で、そのエネルギーは$|F(\omega)|^2$となり、微分した波形は$j\omega$、$(j\omega)^2$を掛けることによって求めることができます。周期的に繰り返す波形（フーリエ級数）ではスペクトルの大きさは$|c_n|$で、そのエネルギーは$|c_n|^2$となり、微分した波形は$jn\omega$、$(jn\omega)^2$

第10章 補　足

を掛けることによって求めることができます。周期的に繰り返す波形のフーリエ級数と単一パルスを取り扱うフーリエ変換のスペクトルの大きさ及び波形を微分したときのスペクトルの関係をまとめると**図 10-15** のようになります。

10.8
アンテナの基本であるダイポールアンテナとループアンテナ

(1) 微小ダイポールアンテナから放射される電界と磁界

図 10-16 に示すようなプラスの電荷 Q とマイナスの電荷 Q が z 軸方向に距離 dl だけ離れた長さ l の導体に電流密度 J が流れている微小ダイポールアンテナがあります。いま、球面座標を考え、x 軸から y 軸への回転方向の角度を φ、z 軸方向からの xy 面への回転方向の角度を θ、中心から球面の半径方向に距離 r をとると、距離 r の P 点における電界は E_θ、E_r となり、磁界は H_φ となります。電界 E_r は距離 r の 2 乗項と 3 乗項のみで決まるので減衰して、電界 E_θ と磁界 H_φ は次のようになります（途中の計算を省略）。

$$E_\theta = \frac{k^2 Z_0 \cdot I \cdot l \cdot \sin\theta}{4\pi} \left(j\frac{1}{kr} + \frac{1}{k^2 r^2} - j\frac{1}{k^3 r^3} \right) e^{-jkr} \quad \cdots\cdots (10.38)$$

$$H_\varphi = \frac{k^2 I \cdot l \cdot \sin\theta}{4\pi} \left(j\frac{1}{kr} + \frac{1}{k^2 r^2} \right) e^{-jkr} \quad \cdots\cdots (10.39)$$

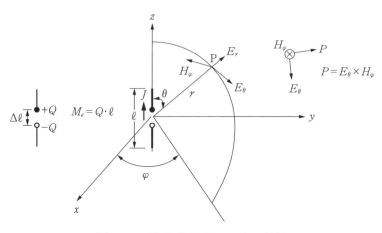

図 10-16　微小ダイポールからの放射

ここで、波数 $k = \dfrac{2\pi}{\lambda}$、平面波領域（波源から離れた遠方界）の波動インピーダンスは $Z_0 = 120\pi \approx 377\,[\Omega]$、$\dfrac{1}{r^2}$ と $\dfrac{1}{r^3}$ 項は波源近傍の誘導項（距離とともに急激に減衰する）、$\dfrac{1}{r}$ が電磁波の伝搬項（距離に反比例して減衰）を示しています。

(2) 微小ダイポールアンテナから放射される電界強度

遠方界において、式(10.38)から $k \cdot r$ の項のみが残り、$E_\theta = \dfrac{k^2 Z_0 \cdot I \cdot \ell \cdot \sin\theta}{4\pi} \left(j\dfrac{1}{kr} \right) e^{-jkr}$ となります。放射が最大となる方向の電界強度の大きさ $|E_\theta|$ [V/m] は次のようになります。

$$|E_\theta| = \dfrac{k^2 \cdot Z_0 \cdot I \cdot \ell}{4\pi} \cdot \dfrac{1}{kr}$$

$$= \dfrac{k \cdot 120\pi \cdot I \cdot \ell}{4\pi r} = \dfrac{60\pi}{r} \cdot I \cdot \left(\dfrac{\ell}{\lambda} \right) \quad\cdots\cdots (10.40)$$

式(10.40)より、電界の放射強度は電流の大きさと電流信号の波長に対するアンテナの長さの比によって決まります。つまり $I \cdot \left(\dfrac{\ell}{\lambda} \right)$ を小さくすることが電界強度を低減させるノイズ対策となります。

空気中を伝搬する電磁波について $c = f \cdot \lambda$ ($c = 3.0 \times 10^8\,[\text{m/s}]$) と、式(10.40)から次の式が得られます。

$$|E_\theta| = \dfrac{60\pi}{r} \cdot I \cdot \ell \cdot \left(\dfrac{f}{c} \right)$$

$$= 6.28 \times 10^{-7} \cdot \dfrac{I \cdot \ell \cdot f}{r} \quad\cdots\cdots (10.41)$$

長さ ℓ の1本のアンテナに周波数 f の電流 I が流れると式(10.41)によって決まる電界強度となります。2本のアンテナに同じ方向に電流が流れることは、2本のケーブルに同じ方向にコモンモードノイズ電流が流れることと同じになるので式(10.41)は2倍となり次のようになります。

$$|E_\theta| = 1.256 \times 10^{-6} \cdot \dfrac{I \cdot \ell \cdot f}{r}$$

(3) 微小ダイポールアンテナから放射される電磁波の波動インピーダンス

ダイポールから放射される電磁波の波動インピーダンスを $(Z_w)_E$ とすれば、

第10章 補　足

$$(Z_w)_E = \frac{E_\theta}{H_\varphi} = Z_0 \cdot \frac{j\dfrac{1}{kr} + \dfrac{1}{(kr)^2} - j\dfrac{1}{(kr)^3}}{j\dfrac{1}{kr} + \dfrac{1}{(kr)^2}}$$

$$= Z_0 \cdot \frac{j(kr)^2 + kr - j}{j(kr)^2 + kr}$$

$$= Z_0 \cdot \frac{kr - j}{kr} \qquad ここで\ kr \leq 1\ なら$$

$$\fallingdotseq -jZ_0 \cdot \frac{1}{kr} \quad\cdots\cdots\cdots\cdots\cdots\cdots\cdots\cdots\cdots\cdots\cdots\cdots\cdots\cdots (10.42)$$

波動インピーダンスの大きさは $|(Z_w)_E| = \dfrac{Z_0}{kr} = \dfrac{Z_0}{\left(\dfrac{2\pi}{\lambda}\right)r}$ となります。$kr \geq 1$ なら、Z_0（$120\pi = 377$）で一定となります。

(4) 微小ループアンテナから放射される電界と磁界

図 10-17 の微小ループコイルから放射される電界 E と磁界 H は E_φ と H_θ となり、結果だけを示すと次のようになります。

$$E_\varphi = -j\frac{k^2 \omega \mu_0 M \sin\theta}{4\pi}\left(j\frac{1}{kr} + \frac{1}{k^2 r^2}\right)e^{-jkr}$$

$$H_\theta = j\frac{k^2 \omega \mu_0 M \sin\theta}{4\pi Z_0}\left(j\frac{1}{kr} + \frac{1}{k^2 r^2} - j\frac{1}{k^3 r^3}\right)e^{-jkr}$$

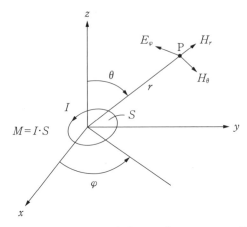

図 10-17　微小ループコイルからの放射

10.8 アンテナの基本であるダイポールアンテナとループアンテナ

ここで、$M = I \cdot S$（Mは磁気モーメント、Sはループの面積）。

(5) 微小ループアンテナから放射される電界強度

遠方界においてはkr項のみが残り、$E_\varphi = -j \dfrac{k^2 \omega \mu_0 M \sin\theta}{4\pi}\left(j\dfrac{1}{kr}\right)e^{-jkr}$ となります。放射が最大となる方向の電界強度の大きさ$|E_\varphi|$ [V/m] は次のようになります。

$$|E_\varphi| = \frac{k^2 \omega \mu_0 M}{4\pi} \cdot \frac{1}{kr}$$

$$= \frac{k \cdot 2\pi f \mu_0 IS}{4\pi r} = \pi \cdot \frac{\mu_0}{c} \cdot \frac{f^2 \cdot I \cdot S}{r}$$

$$= 1.316 \times 10^{-14} \cdot \frac{f^2 \cdot I \cdot S}{r} \quad \cdots\cdots\cdots\cdots\cdots\cdots\cdots (10.43)$$

式(10.43)より、電界強度は周波数の2乗と流れる電流Iと電流が流れる面積Sの積によって決まります。$I \cdot S$を小さくすることがノイズ対策となります。

(6) 微小ループアンテナから放射される電磁波の波動インピーダンス

ループアンテナから放射される電磁波の波動インピーダンスを$(Z_w)_H$とすれば、

$$(Z_w)_H = \frac{E_\varphi}{H_\theta} = Z_0 \cdot \frac{j\dfrac{1}{kr} + \dfrac{1}{(kr)^2}}{j\dfrac{1}{kr} + \dfrac{1}{(kr)^2} - j\dfrac{1}{(kr)^3}}$$

$$= Z_0 \cdot \frac{j(kr)^2 + kr}{j(kr)^2 + kr - j}$$

ここで$kr \leq 1$なら

$$= Z_0 \cdot \frac{kr}{kr - j}$$

$$\fallingdotseq jZ_0 \cdot kr \quad \cdots\cdots\cdots\cdots\cdots\cdots\cdots (10.44)$$

波動インピーダンスの大きさは $|(Z_w)_H| = Z_0 \cdot 2\pi\left(\dfrac{r}{\lambda}\right)$ となります。$kr \geq 1$のときには、一定値Z_0となります。

第10章 補　足

10:9
シンプルな式からノイズ対策方法を考える

以下の内容はこれまでの解説を踏まえて、考え方を要約したものです。

(1) 回路への作用の式 $V = I \cdot Z$、$Z_p = \sqrt{\dfrac{L}{C}}$（ループのインピーダンス）

電流が流れる回路のループ構造、それはキャパシタンス C とインダクタンス L からなる。

そのために EMC ではキャパシタンス C とインダクタンス L を考えなければならない。回路ループのインピーダンス $Z_p = \sqrt{\dfrac{L}{C}}$（反作用の源）に信号源 V_S を作用させると信号電流 I_S が流れ $I_S = \dfrac{V_S}{Z_p}$ となる。

- 空間への放射は信号源 $V(s)$ による作用の力：ループアンテナ $E_n \propto f \cdot I_S^2 \cdot S$ による放射となる。
- EMC 性能を上げるためには、回路への作用力を弱くすれば（投入エネルギー源を最小にする）、反作用を弱くすることができる。これによって空間への放射力 E_n を最小にすることができる。

(2) 回路機能の基本はキャパシタにエネルギー源を投入することである

すべての回路の基本はキャパシタ C に電圧を印加する（エネルギーを投入する）ことから始まる。キャパシタの形状を変えると信号回路や電源回路になる。これらは抵抗 R、インダクタンス L、キャパシタンス C の基本要素（集中定数でなく分布定数）から構成される。抵抗 R は L と C に比べて反作用力が弱いので無視できる（ダンピングで使用する部品の抵抗は反作用が大きいので効果がある）。部品、配線、プリント基板、ケーブル、電子機器はキャパシタンス C とインダクタンス L が集合したものである。

(3) キャパシタンスに関する関係式は $Q = C \cdot V$、$C = \varepsilon \cdot \dfrac{S}{h}$、$E = \dfrac{V}{h}$

キャパシタンスが存在するところに電気力線の変化（電界波）が生じる。

- 電気力線の密度（電界波）は、電気力線が流れる距離 h と電気力線が生じ

る面積 S、電気力線が存在するところの媒質 ε によって決まる $\left(C = \varepsilon \cdot \dfrac{S}{h}\right)$。

- $E = \dfrac{V}{h}$ は配線間の電界波のエネルギーの密度を示し、h を小さくしてエネルギー密度を大きくする。電極間距離 h を最小にすることは、外部の電気力線をキャパシタ内部に移動させて電界波のエネルギーの密度を最大にすることである。

- $E = \dfrac{V}{h}$（h：電気力線の経路）より、$\dfrac{dV}{dt}$ の波形が電気力線（電界波）の形を決める。

- 電気力線の時間変化による変位電流は $J_d = \varepsilon \dfrac{dE}{dt}$ $\left(\text{キャパシタンス } C \text{ を流れる変位電流は } i_d = C \cdot \dfrac{dV}{dt}\right)$、これに対して伝導電流は $J_c = \sigma E$ $\left(\text{抵抗 } R \text{ を流れる場合は、} I = \dfrac{V}{R}\right)$。

- キャパシタンス C が小さいことは変位電流が閉じ込められず、空間に多く流れ、放射ノイズのみならず、クロストークも大きくなる。

- キャパシタンス C は高周波エネルギーを空間（配線間と配線以外の空間）に電界エネルギーとして蓄積する $\left(\text{エネルギー密度は } U_E = \dfrac{1}{2} \varepsilon E^2\right)$。

- EMC 性能を上げるためには、キャパシタ構造にできるだけ電界波を閉じ込めてエネルギー密度を高めることによって漏れを最小にする。信号回路、電源回路、電子機器（システム GND を含む）はすべてキャパシタンス構造である。

(4) 基本要素 R、L、C とその構造式

抵抗 R、インダクタンス L、キャパシタンス C は媒質とその構造（形状）の積によって決まり次の式で表すことができる。

$$R = \rho \cdot \dfrac{\ell_I}{S_I}, \quad C = \varepsilon \cdot \dfrac{S_E}{h_E}, \quad L = \mu \cdot \dfrac{S_\phi}{\ell_\phi}$$

- 抵抗 R は電流 I が流れる経路の長さ ℓ_I と面積 S_I 及び媒質（抵抗率 ρ）。
- キャパシタンス C は電気力線が流れる経路の長さ h_E と面積 S_E 及び媒質（誘電体 ε）。
- インダクタンス L は磁力線が流れる経路の長さ ℓ_ϕ と面積 S_ϕ、及び媒質（透磁率 μ）。

第10章　補　足

- EMC 性能をよくするには、電気力線と磁力線の密度を高める、そのためにはキャパシタンス C を大きく、インダクタンス L を小さくすることである。

(5) 時間変化する信号に対する R、L、C への作用

EMC では時間的に変化するデジタル信号を使うので、それに対する応答を考えなければならない。その応答する力は次のように表すことができます。

時間変化波形には、$\dfrac{dV}{dt}$（衝撃力）と $\dfrac{dI}{dt}$（衝撃力に対する加速度）がある。

応答する力は $V = I \cdot R$（抵抗力）、$V = L \cdot \dfrac{dI}{dt}$（抵抗力（逆起電力）：慣性力）、$V = \dfrac{Q}{C}$（復元力）がある。

EMC では電圧波形の変化の早さ（衝撃力）が波源のパワーを決める。衝撃力が強いと電荷 Q の変動は大きくなる。したがって、衝撃力を弱めて電荷の変動（電界波）を小さくしなければならない。

- 抵抗 R は高周波エネルギーを熱エネルギーに変換するために電磁波の放射はない。そのためには抵抗力が大きいほどよい。しかし負荷に必要な周波数の最大エネルギーを供給しなければならない（トレードオフの関係）。

- インダクタンス L による力は、電流の時間変化（加速度）$\dfrac{dI}{dt}$ が大きいほど、またインダクタンス値が大きいほど慣性力が大きくなるので、磁界エネルギーは大きくなる。外部空間への漏れエネルギーを最小にするためには、インダクタンス L を小さく、加速度 $\dfrac{dI}{dt}$ を小さくして慣性力（逆起電力）を最小にしなければならない。

- キャパシタンス C については復元力、電荷 Q が変位 x、$\dfrac{1}{C}$ がバネ定数 k に相当するので、衝撃力が強くても復元力を弱くすることによって電界波のエネルギーを最小にすることができる。そのためにはキャパシタンス C を大きくしなければならない。

(6) 磁力線の密度

電流が流れるところに磁力線（磁界波）が生じる。

- インダクタ L は高周波エネルギーを空間（電極間距離 h と電極の幅 w による空間）に電磁エネルギーとして蓄積する（エネルギー密度は $U_L = \dfrac{1}{2}\mu H^2$、$H = \dfrac{i}{w}$）。

10.9 シンプルな式からノイズ対策方法を考える

- 伝導電流と変位電流が磁界の回転を生みだす（$J = \mathrm{rot}\, H$ （$J = J_c + J_d$））。電流密度が大きい（高周波）ほど、磁界の回転力は大きい。電流が流れる領域を広くして電流を拡散させると電流密度 J は小さくなり、磁界の回転は弱まる。
- アンペールの法則 $H = \dfrac{i}{\ell_\phi}$（ℓ_ϕ：磁力線の経路）より、$\dfrac{di}{dt}$ の波形が磁力線（磁界）の形を決める。
- EMC 性能を上げるためには、$L = \mu \cdot \dfrac{S_\phi}{\ell_\phi}$ より磁力線の入る面積 S_ϕ を小さく（電極間距離 h を小さく）、磁力線が通過する長さ ℓ_ϕ を大きく（電極の幅 w を大きく）することによって配線間（$h \cdot w$）の電磁エネルギー密度を大きくする。電流波形 $\dfrac{di}{dt}$ を小さく（電流を少なく、時間変化をゆっくり）、電流密度 J を小さくする。

(7) 波を閉じ込めるエネルギー保存の法則 $\quad P_{in} = P_h + P_z + P_n$

P_{in} は投入電力、P_h は熱として消費される電力、P_z は負荷で消費される電力（電磁波によって運ばれる電力）、P_n は空間に漏れる（放射される）電力である。

- ノイズ（電界波と磁界波）の形は $P_n = E_n \times H_n$。外部に放射されるノイズ電力 P_n を最小にするためには、P_{in} を最小にして、P_h 及び P_z を最大にすることである。
- 投入電力 P_{in} は次の式によって決まる。

$$P_{in} = I \cdot V = Q \cdot \frac{dV}{dt} = E \cdot H(d \cdot w) \quad (d \cdot w\text{ は }E\text{ と }H\text{ が存在する空間面積})$$

- P_{in} を最小にするためには波源の形 $\dfrac{dV}{dt}$ を最小にする、$E \cdot H(d \cdot w)$ は $P_n + P_z$（回路内部空間 P_z と回路外部の空間 P_n）となるので、P_z を最大にすることにより、P_n を最小にすることができる。
- 負荷への伝達電力（波を閉じ込める構造）$P_z = E_z \times H_z = E_z \cdot H_z(d \cdot w)$。負荷への電力は配線（電源–GND、信号–GND）間の面積（$d \cdot w$）に電界と磁界を最大に閉じ込める。そのためにはインピーダンス $Z_0 \left(\sqrt{\dfrac{L}{C}} = \sqrt{\dfrac{\mu}{\varepsilon}} \left(\dfrac{d}{w}\right)\right)$ を最小にして、つまり w を最大、d を最小にして、電力密度 P_z を最大にすることである。

第10章　補　足

(8) 信号波源 $\dfrac{dV}{dt}$ からコモンモードノイズ波源 V_n の生成

コモンモードノイズ源は波源 $\dfrac{dV}{dt}$ に対する反作用力 V_n であり、$V_n = \dfrac{d\phi}{dt} = (L_S - M) \cdot \dfrac{dI}{dt}$（$I$ はループに流れる電流）と表すことができます。自己インダクタンス L_S と相互インダクタンス M、電流 I から生じる総磁力線数は $\phi = (L_S - M) \cdot I$ なので、ϕ を最小にする（L_S を最小、M を最大にする）。電流の時間変化 $\dfrac{dI}{dt}$ を最小にする。

- 反作用力であるコモンモードノイズ源 V_n によるモノポールアンテナの放射電界強度は $E_n \propto f \cdot i_{nc} \cdot \ell$ となる。
- 反作用力 V_n を最小にすれば、モノポールアンテナによる放射電界 E_n も最小となる。

(9) コモンモードノイズ電流 I_{nc}

コモンモードノイズ波源 V_n によって押し出されて流れるコモンモードノイズ電流 I_{nc} はあらゆる経路を流れて、長さと波長の関係によって効率のよいアンテナとなって電磁波を放射してしまう。また、ノイズの影響を受けやすいセンシティブな回路に流れ込むと悪影響を及ぼします。EMC 性能を上げるためには、

- コモンモードノイズ電流を流れにくくする方法（インピーダンスを大きくする）、そのためにはノイズ電流が流れる伝搬経路の反発力 $V_r = (L_s + L_F + M) \cdot \dfrac{dI_{nc}}{dt}$ を大きくすることです。反発力を大きくするためには、フィルタ追加によるインダクタンス L_F を最大に、相互インダクタンス M を最大にする（例：フェライトコア、チョークコイルなど）。
- コモンモードノイズ電流が流れる経路のアンテナ効率を悪くする。そのためには、近くに幅広い金属を接近させる（例：ケーブルのシールド化（金属で包む）、ケーブルを筐体やフレームに接近させるなど）。

(10) イミュニティ性能の向上（エミッション対策と同じ）

伝導電流 J_n によって生じる電界は $E_n = \rho \cdot J_n$、これによって発生するノイズ電圧は $V_n = E_n \cdot \ell$ となる。また、外部磁界 H_n によって、回路ループに生じる電圧ノイズ $\mu \dfrac{\partial H_n}{\partial t} = -\mathrm{rot}\, E_n$、ノイズ電界 E_n によって回路ループの長さ ℓ_p に

生じるノイズ電圧は $V_N = E_n \cdot l_p$ となる。外部電界 E_n によって、長さがあるところに発生するノイズ電圧 $V_n = E_n \cdot l$ となる。

(11) EMC 基本式によるエミッション EMI 及びイミュニティ EMS (S: susceptivility) の双対性 (等価)

- エミッション (EMI) では反作用力 $V_n = (L_S - M) \cdot \dfrac{dI}{dt}$ の最小化、ループインピーダンス $Z_p = \sqrt{\dfrac{L_p}{C}}$ の最小化。

- ノイズ伝搬経路ではコモンモードノイズが流れる経路の反作用力 $V_r = (L_s + L_F + M) \cdot \dfrac{dI_{nc}}{dt}$ の最大化 (L_F と M の最大化)。

- イミュニティ (EMS) ではループ最小化によるノイズ電圧を最小にする。外部からのコモンモードノイズ電流 I_{nc} に対する反作用力 $V_r = (L_s + L_F + M) \cdot \dfrac{dI_{nc}}{dt}$ の最大化。これより EMI＝EMS であると考えられます。

EMC に関して美しい主要方程式をまとめたものが**図 10-18** です。

$$\mathcal{V} = I \cdot \mathcal{Z}$$

$$\mathcal{V}_n = (\mathcal{L} - \mathcal{M}) \cdot \frac{dI}{dt}$$

$$\mathcal{P}_{in} = \mathcal{P}_h + \mathcal{P}_\mathcal{N} + \mathcal{P}_z$$

$$\mathcal{P}_\mathcal{N} = \mathcal{E}_n \times \mathcal{H}_n$$

$$\sigma E + \varepsilon \frac{\partial E}{\partial t} = \mathrm{rot}\, \mathcal{H}$$

$$-\mu \frac{\partial \mathcal{H}}{\partial t} = \mathrm{rot}\, \mathcal{E}$$

図 10-18　EMC に関する美しい方程式

参考文献

1. 波動方程式の解き方　須藤　彰三著（共立出版）
2. 振動・波動　長谷川　修司著（講談社）
3. 振動・波動入門　鹿児島　誠一著（サイエンス社）
4. 振動・波動　小形　正男著（裳華房）
5. なっとくするフーリエ変換　小暮　陽三著（講談社）
6. 図解雑学　フーリエ変換　佐藤　敏明著（ナツメ社）
7. エリック・ボガティン　高速デジタル信号の伝送技術　シグナルインテグリティ入門　須藤　俊夫監訳（丸善株式会社）
8. ホール＆ヘック　高速デジタル回路設計　アドバンスト・シグナルインテグリティ　須藤　俊夫監訳（丸善出版）
9. EMC概論　原著 Clayton R. Paul　監修　佐藤　利三郎　監訳　櫻井　秋久（ミマツデータシステム）
10. 基礎からの電波・アンテナ工学　塩沢　修著（啓学出版）
11. トコトンやさしいEMCとノイズ対策の本　鈴木　茂夫著（日刊工業新聞社）
12. 読むだけで力がつくノイズ対策再入門　鈴木　茂夫著（日刊工業新聞社）
13. ノイズ対策のための電磁気学再入門　鈴木　茂夫著（日刊工業新聞社）
14. わかりやすい高周波技術入門　鈴木　茂夫著（日刊工業新聞社）
15. わかりやすい高周波技術実務入門　鈴木　茂夫著（日刊工業新聞社）
16. スペクトラム・アナライザ入門　高橋　朋仁著（CQ出版社）

索　引

【英字】

EMCで扱う波の周波数 ……………… 14
EMCとフーリエ級数 ………………… 228
EMCとフーリエ変換 ………………… 238
$P_{in}=P_h+P_z+P_n$（エネルギー保存の法則）……………………………… 201
Sパラメータ …………………… 174, 175
$V_n=(L_s-M)\cdot\dfrac{dI}{dt}$（反作用力）……… 199
$\dfrac{\lambda}{2}$アンテナ ……………………………… 131

【数字】

1次元の波動方程式 …………………… 41
1次微分$\dfrac{d}{dx}$と2次微分$\dfrac{d^2}{dx^2}$の意味 … 225
1波長ループアンテナからの放射 …… 132
2次元と3次元の波動方程式 ………… 44
2次微分の意味 ……………………… 225

【あ行】

アドミッタンスYと反射係数ρの関係
　……………………………………… 170
アドミッタンスチャート ……………… 169
アンテナに働く力 …………………… 123
アンテナの放射効率 ………………… 140
アンペール・マクスウエルの電流の法則
　……………………………………… 111
イミッタンスチャート ……… 164, 173, 187
イミュニティ対策 ……………………… 12
インダクタの高周波特性 ……………… 185
インダクタンス ………………………… 10
インピーダンスマッチング ………… 75, 94
エネルギー保存則 ……………………… 71
エミッションEMI及びイミュニティ
　EMSの双対性 …………………… 255
オイラーの公式 ……………………… 204
オシロスコープのプローブの構成 …… 180

【か行】

回路ループ …………………………… 58
ガウス型関数のフーリエ変換 ……… 242
慣性力と復元力 ……………………… 23
技術の進歩とEMC …………………… 19
キャパシタC ………………………… 8
キャパシタの高周波特性 …………… 186
球面波 ………………………………… 40
共振回路のエネルギー ……………… 222
共振現象によるエネルギーの最大化
　……………………………………… 202
共振周波数 …………………………… 87
強制振動 ……………………………… 46
強制振動によるエネルギー ………… 223

索　引

矩形波からδ関数のフーリエ級数への展開 ……………………………… 236
矩形波と台形波のフーリエ級数展開 …………………………………… 231
矩形波のフーリエ級数展開 ………… 231
矩形波のフーリエ変換 ……………… 241
クロックの立上りのエネルギー ……… 3
減衰関数のフーリエ変換 …………… 242
減衰する波 …………………………… 29
コモンモードノイズ源 ……………… 59
コモンモードノイズ源の波形 ……… 96

【さ行】

作用と反作用の法則 ………………… 197
作用の力 V …………………………… 198
磁界が電界の回転を生み出す ……… 203
磁界波に対するシールド …………… 145
磁界波の波動インピーダンス ……… 154
磁界波は入射端を通過する ………… 148
時間と距離が変化する波 …………… 27
自己インダクタンス ………………… 215
自己振動 ……………………………… 44
集中定数回路 ………………………… 87
周波数スペクトル …………………… 205
周波数スペクトルを測定する ……… 193
受信する波のエネルギーを最小 …… 137
磁力線は発散しない ………………… 119
シールド効果 ………………………… 152
シールド材のインピーダンス ……… 155
シールド材の伝搬定数 ……………… 157

シールド材反射による定在波 ……… 158
シールド材料の特性 ………………… 160
進行波と定在波 ……………………… 48
進行波と定在波のエネルギー ……… 49
振動する波 …………………………… 23
スミスチャート ………… 165, 167, 168
スロットアンテナからの放射 ……… 134
正弦波のエネルギー …………………… 3
相互インダクタンス ………………… 215

【た行】

台形波の周波数スペクトラム ……… 209
台形波のフーリエ級数展開 ………… 232
単振動による波のエネルギー ……… 39
単振動のエネルギー ………………… 35
ダンピング …………………………… 46
抵抗の高周波数特性 ………………… 185
定在波（定常波）………… 75, 78, 80, 91
定在波による共振特性 ……………… 132
定在波による放射 …………………… 128
定在波の周波数の求め方 …………… 89
定在波の発生は共振現象 …………… 86
定在波比 SWR …………………… 177, 178
デジタルクロックの周波数スペクトラム ………………………………… 207
デジタルクロックの周波数帯域 …… 183
電圧定在波 …………………………… 84
電圧と電流の定在波 ………………… 82
電圧波の反射 ………………………… 33
電界の単位 …………………………… 102

電界波と磁界波の反射係数 ……… 151
電界波に対するシールド ……… 143
電界波の波動インピーダンス ……… 152
電界波は入射端で反射する ……… 147
電荷から生じる電界 E ……… 101
電荷から電界の発生 ……… 203
電荷とガウスの法則 ……… 101
電荷に関する法則 ……… 104
電荷の生成 ……… 99
電荷はエネルギーを持つ ……… 100
電源・GND プレーンに生じる定在波
　……… 92
電磁波のインピーダンス ……… 138
電磁波のエネルギー ……… 5
電磁波の速度 ……… 121
電磁波の波動インピーダンス ……… 122
電磁波の波動方程式 ……… 43, 121
電磁波を効率よく放射するアンテナ 127
伝送特性 ……… 175
伝送特性 S_{21} ($I \cdot L$) ……… 177
伝送特性と反射特性 ……… 175
伝送路の周波数特性 ……… 191
伝搬定数 ……… 155
電流が磁界の回転を生み出す ……… 203
電流定在波 ……… 82

【な行】

波の表し方 ……… 25
波のエネルギー ……… 99
波の重ね合わせ ……… 31
波の基本要素 ……… 17
波の反射 ……… 75
波を伝える伝搬経路 ……… 64
ネットワークアナライザ ……… 190
ノイズ波の受信エネルギーを最小 ……… 69

【は行】

波源 ……… 16, 50, 58, 59
波源（コモンモードノイズ源） ……… 115
波源のエネルギー ……… 53, 61
波数 k ……… 48
波数 k（位相定数）とは何か ……… 26
パッチアンテナからの放射 ……… 136
波動インピーダンス ……… 121
波動方程式 ……… 204, 218
波動方程式の解 ……… 42, 221
パルス波形 ……… 180
反作用の力 ……… 199
反作用力 ……… 200
反射係数 ……… 75
反射係数 S_{11} ($R \cdot L$) ……… 177
微小ダイポールアンテナから放射される
　電界と磁界 ……… 246
微小ループアンテナから放射される電界
　と磁界 ……… 248
ファラデーの自己電磁誘導の法則 ……… 112
ファラデーの相互誘導の法則 ……… 118
ファラデーの電磁誘導の法則 ……… 114
負荷とは何か ……… 7
複素形式を用いたフーリエ級数展開

261

索引

……………………………………… 228
複素フーリエ級数展開……………… 205
複素領域のフーリエ級数…………… 237
フーリエ級数……………………205, 239
フーリエ級数展開…………………… 228
フーリエ変換………………………… 239
フーリエ変換の公式………………… 241
分布定数回路………………87, 161, 162
分布定数回路における信号駆動条件
……………………………………… 163
平面波………………………………… 40
変位電流……………………………… 109
変位電流と逆起電力………………… 212
変位電流と逆起電力の波形………… 211
変位電流の周波数スペクトラム…… 234

変位電流波形の周波数スペクトル…… 242
放射抵抗……………………………… 140

【ま行】

マクスウエル・アンペールの電流法則
……………………………………… 107

【や行】

横波…………………………………… 21

【ら行】

ループインダクタンス……………216, 217

【著者略歴】

鈴木茂夫（すずき　しげお）

1976年　東京理科大学　工学部　電気工学科卒業
フジノン(株)を経て(有)イーエスティー代表取締役
技術士（電気電子／総合技術監理部門）

【業務】

・EMC技術等の支援、技術者教育
Eメール　rd5s-szk@asahi-net.or.jp

【著書】

「EMCと基礎技術」（工学図書）、「主要EC指令とCEマーキング」（工学図書）、「Q&A　EMCと基礎技術」（工学図書）、「CCDと応用技術」（工学図書）、「技術士合格解答例（電気電子・情報）」（共著、テクノ）、「環境影響評価と環境マネージメントシステムの構築—ISO14001—」（工学図書）、「実践ISO14001審査登録取得のすすめ方」（共著、同友館）、「技術者のためのISO 14001—環境適合性設計のためのシステム構築」（工学図書）、「実践Q&A環境マネジメントシステム困った時の120例」（共著、アーバンプロデュース）、「ISO統合マネジメントシステム構築の進め方—ISO9001/ISO14001/OHSAS18001」（日刊工業新聞社）、「電子技術者のための高周波設計の基礎と勘どころ」（日刊工業新聞社）、「電子技術者のためのノイズ対策の基礎と勘どころ」（日刊工業新聞社、台湾全華科技図書翻訳出版）、「わかりやすいリスクの見方・分析の実際」（日刊工業新聞社）、「わかりやすい高周波技術入門」（日刊工業新聞社、台湾建興文化事業有限公司翻訳出版）、「わかりやすいCCD/CMOSカメラ信号処理技術入門」（日刊工業新聞社）、「わかりやすい高周波技術実務入門」（日刊工業新聞社）、「わかりやすいアナログ・デジタル混在回路のノイズ対策実務入門」（日刊工業新聞社）、「わかりやすい生産現場のノイズ対策技術入門」（日刊工業新聞社）、「読むだけで力がつくノイズ対策再入門」（日刊工業新聞社）、「ノイズ対策のための電磁気学再入門」（日刊工業新聞社）、「デジタル回路のEMC設計技術入門」（日刊工業新聞社）、「トコトンやさしいEMCとノイズ対策の本」（日刊工業新聞社）、「ノイズ対策は基本式を理解すれば必ずできる！」（日刊工業新聞社）

	ノイズ対策を波動・振動の基礎から理解する！	NDC 549.38

2017年7月21日　初版1刷発行　　（定価はカバーに表示してあります）

　　　Ⓒ　著　者　　鈴木　茂夫
　　　　　発行者　　井水　治博
　　　　　発行所　　日刊工業新聞社
　　　　　　　　　　〒103-8548
　　　　　　　　　　東京都中央区日本橋小網町 14-1
　　　　　電　話　　書籍編集部　03（5644）7490
　　　　　　　　　　販売・管理部　03（5644）7410
　　　　　Ｆ Ａ Ｘ　03（5644）7400
　　　　　振替口座　00190-2-186076
　　　　　Ｕ Ｒ Ｌ　http://pub.nikkan.co.jp/
　　　　　e-mail　　info@media.nikkan.co.jp
　　　　　製　作　　㈱日刊工業出版プロダクション
　　　　　印刷・製本　美研プリンティング㈱

落丁・乱丁本はお取り替えいたします。　　2017 Printied in Japan
ISBN978-4-526-07727-2　C3054

本書の無断複写は、著作権法上での例外を除き、禁じられています。